JN189286

オカルト番組はなぜ消えたのか

超能力からスピリチュアルまでのメディア分析

高橋直子
Takahashi Naoko

青弓社

オカルト番組はなぜ消えたのか——超能力からスピリチュアルまでのメディア分析

目次

第4章　拡張する〈オカルト〉——第二次オカルトブーム　160

第5章　霊能者をめぐるメディア言説　193
——一九九〇年代・二〇〇〇年代の比較分析

装丁——神田昇和

はじめに

　オカルト番組はなぜ消えたのか――本書のタイトルを目にして、「そういえば最近見ないな」と思う人もいれば、「いまでもときどき放送しているよ」と反応する人もいるだろう。実際、二〇一八年現在、オカルト番組がまったく放送されていないわけではない。しかし、平成の世に生まれた若い読者の多くは、こう思うのではないか――そもそも、オカルト番組って何？

　本書で「オカルト番組」とは、超能力（者）、霊能力（者）、超常現象、心霊・怪奇現象、未確認飛行物体（UFO）、未確認生命体（UMA）など、超自然的現象を企画の中心とする出し物とし、かつ、その真偽を積極的に曖昧にする傾向があるテレビ番組をいう。したがって、一九七四年に超能力ブームを引き起こしたユリ・ゲラー出演番組も、二〇〇〇年代のスピリチュアルブームを牽引した江原啓之出演番組も、本書ではオカルト番組という。なお、超自然的現象を企画の中心とする出し物としても、たとえば『幻解！超常ファイル　ダークサイド・ミステリー』（NHK－BSプレミアム、二〇一三年三月―）のように、その真偽を明らかにする構成の番組は、本書でいうオカルト番組には含まれない。

おそらく、一九九〇年代半ばまでに十歳前後に達していれば――つまり八〇年代半ばまでに生まれていれば――オカルト番組を視聴した体験から、その輪郭・特徴を容易にイメージできるだろう。しかし、二〇〇〇年代のスピリチュアルブームを別とすれば、テレビのなかでオカルト番組が一定の存在感を示していたのは一九七〇年代から九〇年代だから、九〇年代末以降に生まれた読者は、同じようにイメージできないかもしれない。その場合はさしあたり、『幻解！超常ファイル ダークサイド・ミステリー』から検証VTRを取り除いた番組、超常現象（「ダークサイド・ミステリー」）だけで構成された九十分特別番組を思い描いてもらえればいい。

オカルト（occult）とは、「覆う」という意のラテン語に由来し、「隠す」「故意に隠されている」、ひいては「通常の知覚力では捉えられない」「神秘な」という意味を含む言葉である。ただし、日本で「オカルト」という言葉は「不可思議で超自然的な現象や作用の総称」[1]と捉えられている。「人間にとって不可知の領域を認めること、それがオカルト本来の思考」だが、日本社会に浸透したオカルトのイメージは、「オカルト本来の意味とは完全にかけ離れた、いわば日本化されたオカルト」[2]である。本書では、この「日本化されたオカルト」を念頭に置いて、以下、〈オカルト〉と表記する。

〈オカルト〉を出し物とするオカルト番組が、オカルトを日本化することに最大の役割を果たしたことは論を俟たない。ネス湖のネッシー、ヒマラヤの雪男、謎の類人猿ヒバゴン、念力男ユリ・ゲラー、ノストラダムスの大予言、恐怖の心霊写真、矢追純一のUFO、新倉イワオの「あなたの知らない世界」、幻のツチノコ、サイババの奇跡、驚異の霊能力者・宜保愛子など、さまざまな現象や人物によってあまたのオカルト番組が制作・放送されてきた。その歴史は、およそ半世紀に及ぶ。オカルト番組は、ときに批判・非難（バッシング）されながらも、支持（視聴率）を獲得し、概して社会的に許容（放送）されてきたといえる。本書が試みるのは、オカルト番組をめぐってマスメディアに表出した言説を捉え、その変遷をたどる作業である。オカルト番組の内容（出し物となる〈オカルト〉）ではなく、オカルト番組をめぐるメディア言説に注目するのは、公共性が高いテレビという放送メディアに長年にわたってオカルト番組が存在し続けた事由にこそ、本書の問題関心があるからである。

本書では、オカルト番組の成立を一九七四年（昭和四十九年）と捉える。その理由は、超能力・オカルトがブームになった七三年から七四年に「オカルト」という言葉が人口に膾炙したから、あるいは『木曜スペシャル』（日本テレビ）に出演したユリ・ゲラーのスプーン曲げが一世を風靡したから、というようなことではない。そうではなく、超能力を出し物とするあまたの番組が放送された七四年を経た翌七五年一月に、日本民間放送連盟（以下、民放連と略記）が「放送基準[3]」を改正し、新たに「催眠術、心霊術などを取り扱う場合は、児童および青少年に安易な模倣をさせないよう特に注意する[5]」と定めたことによる。つまり、テレビ（放送局）は心霊術や念力などの〈オカルト〉を「安易な模倣を助長しないよう注意」して制作・放送することにした。この事実をもって、テレビ番組中の一ジャンルとしてオカルト番組が成立したと捉えるのである。

翻って、オカルト番組が成立するには、オカルト番組を放送することに対する社会的評価が肯定的、あるいは少なくとも否定的評価よりも肯定的評価が上回っていると感じられるマスコミュニケーション状況がなくてはならない。オカルト番組に対する否定的評価（非難・反感）が優勢の状況では、そもそもオカルト番組の放送など続けられない。わざわざ「催眠術、心霊術などを取り扱う場合」を想定して「児童および青少年に安易な模倣をさせないよう特に注意する」ことを「放送基準」に定める必要もない。

日本では、前述したように、一九七四年にオカルト番組が成立した。そして、成立したオカルト番組は存在し続けた。本書は、オカルト番組をめぐるメディア言説を検討することによって、そのマスコミュニケーションを考察の対象とする。[6]

マスコミュニケーションが他のコミュニケーションと決定的に違うのは、送り手と受け手の関係で同時に存在している者たち同士の相互作用（interaction）が生じない、つまり、送り手が送信するときと受け手が受信するときには必ずズレが生じるという点である。[7] マスメディアを生産する送り手（新聞社、出版社、放送局、広告代理店など）は、それぞれ受け手（読者、視聴者、消費者など）のニーズや反応（販売数や視聴率、投書やアンケートなど）を考慮するが、直接的な接触は遮断されているため、送り手は、受け手のニーズや反応を予想し、その予想に依拠して生産するほかない。予想はあくまで予想であって、実際の受け手の反応は常に別にある。このように、送り手と受け手の間に同時の相互作用が発生しないことが、マスコミュニケーションの重要な特質である。

マスメディアは、人々（社会の成員）の反応を予想して潜在的な現実／世界（像）を顕在化させる。人々はマスメディアによって、現実／世界についてひとまず論理的なつながりがあるイメージをもつ。しかし、マスメディアが顕在化させる現実／世界（像）も、それによって人々がもつイメージも、必ずしも現実と一致するものではない。それは、現実に一定の解釈・編集をほどこし、斉一的に人々に提示される結像イメージにすぎない。にもかかわらず、これこそ、人々にとって唯一の「可視的で、理解できる現実の姿」なのである[8]。

私たちは、私たちが生きている社会あるいは世界について知っていることを、マスメディアを通して知っている。その一方で、私たちはマスメディアについてもよく知っているため、マスメディアによる情報を信頼しきれず、しばしば情報操作を疑いもする。しかし、そうしたところでたいした帰結には至らない。なぜなら、マスメディアの情報によって人々は論理的なつながりがあるイメージをもち、そのイメージはマスメディアが予想する人々の反応に再びつながっていくからである[9]。

オカルト番組をめぐってマスメディアに表出する言説を検討するため、本書では、新聞・雑誌、とりわけ週刊誌の記事を分析することになる。たいがい、週刊誌は娯楽的要素が濃厚なメディアであり、そのセンセーショナリズムは周知の事実である。受け手（読者）はその情報（記事）を信頼しきれず、しばしば信憑性を疑っている。したがって、週刊誌の記事は分析対象として適当なのか、という疑念をもたれるかもしれない。しかし、いかにも興味本位で娯楽的であるにせよ、週刊誌は不特定多数の読者を想定し、その読者に向けて誌面を構成するメディア・テクストである。メディア・テクストであるからには、送り手の意図・動機、想定されている受け手のイメージ・反応、内容となる出来事を意味づけるフレームに基づいて分析・検討することができる。

オカルト番組をめぐるメディア言説の変遷をたどる作業は、オカルト番組を介したマスコミュニケーションの変化を明らかにする。オカルト番組の登場・成立から今日に至る変化の意味から見えてくるのは、オカルト番組の終焉である。

良識ある読者は「オカルト番組がなくなったところで、何の問題もないだろう。むしろ、なくなるのはいい傾向ではないか」と思われるかもしれない。しかし、ではなぜ、これまでオカルト番組は放送され続け、いま、消えゆくのか――。

オカルト番組を終焉に導いたのは、視聴者のリテラシーやクリティカル・シンキングの向上によって、視聴率を稼げなくなった、ということではない。また、繰り返された番組批判によって、制作者・放送局が反省して制作を自粛するようになった、ということでもない。オカルト番組の終焉は、オカルト番組を成立・展開させてきた前提・基盤の喪失を意味している。ここに見いだされるのは、オカルト番組の是非／好き嫌いの問題ではなく、現代日本社会にとって不可避な宗教問題の一端である。

たとえば、インターネット（ネットニュースやファンサイト）での江原をめぐる否定派（アンチ）と肯定派（ファン）の言説を分析した堀江宗正は、次のように述べる。

アンチが問題としているのは、視聴者の多い時間帯に、ある特定の信念を背景とした番組を流すことが、公的な報道機関であるテレビにとって不適切だという点である。それに対して、ファンは、共感や感動や納得を評価の要因として挙げていることからわかるように、個人的感性や選好や価値観を重視している。「それぞれ価値観が違うから嫌なら見なければ良いだけです」と言うのである。[10]

江原のスピリチュアリズムは、「テレビにとって不適切」と非難される一方、多くの共感者を獲得した。両者の主張はすれ違い、かみ合わない。また、アンチの主張には感情的なテレビ批判(「マスゴミ」)が散見され、番組への規制、放送局への罰則(免許取り消しなどの行政処分)が訴えられもするが、ここでは「公的な」テレビが「ある特定の信念」を規制することの問題が無視される。アンチの反感とファンの共感の感情的対立は乗り越えられず、争点は「ある特定の信念」への反感／共感として矮小化される。

こうした状況から、堀江は「今後、テレビとネットの融合、制作された映像のネット配信が進むことによって、スピリチュアル番組の視聴も、「見たい人だけ見る」ものとなり、それに関する意見も、匿名掲示板とファン・コミュニティとに棲み分けられ、「規制論」は無意味なものになる可能性がある」[11]と論じるが、規制論は論外としても、テレビ(公共性)で「ある特定の信念」はどのように取り扱うべきか、どのような表現・表象が適切か、という問題は残る。

また、多チャンネル化によって「見たい人だけ見る」「ある特定の信念」を背景とした番組が増えるとしても、多様な「信念」が多声的(polyphonic)に展開されるとはかぎらない。より多く、あるいは確実に一定の「見たい人」(視聴者)を獲得しようと番組が制作されるならば、テレビ(公共性)に不適切な偏向が生じる可能性がある。

堀江はアンチとファンのすれ違いと対立軸を捉えて、次のように表現する。

一九七〇年代からのオカルト番組が二〇〇〇年代のスピリチュアル番組に形を変えながら日本の宗教文化を崩壊させていると見るか、それともテレビは視聴者のニーズに応えているだけで、宗教離れと精神世界・スピリチュアリティ（略）への関心の受け皿になっていると見るか。[12]

これが近年のオカルト番組をめぐる言説の縮図なのだろうが、あまりにも狭隘である。これまでオカルト番組について調査・研究がほとんどなされておらず、オカルト番組に関する議論は、実に限定的で未熟な状況にある。

「二〇〇〇年代のスピリチュアル番組」は「一九七〇年代からのオカルト番組」が「形を変え」たものだとすれば、なぜ変形が生じたのか。オカルト番組は日本の宗教文化を崩壊させてきたのだろうか。はたして、〈スピリチュアル〉番組は精神世界・スピリチュアリティへの関心の受け皿になりうるのだろうか。

本書は、およそ半世紀に及ぶオカルト番組をめぐるメディア言説の批判的分析を通して、その変遷を明らかにする。同時に、この作業は、日本のマスコミュニケーションに現れる宗教（的）事象に関わる言説の傾向・特徴を照らし出すことになる。本書の分析が、宗教（的）思想や政治的主張が人々（社会の成員）の選好や価値観によって表明／評価されるメディア空間を見据え、その現状を読み解き、対抗策を編み出していくための一助になれば幸いである。

注

(1) 金子毅「オカルト・ジャパン・シンドローム——裏から見た高度成長」、一柳廣孝編著『オカルトの帝国——1970年代の日本を読む』所収、青弓社、二〇〇六年、一八ページ

(2) 同論文一九—二〇ページ

(3) 放送法は「放送番組の編集の基準(以下「番組基準」という。)を定め、これに従って放送番組の編集をしなければならない」と定める。民放連(日本民間放送連盟)では、「放送基準」とは「放送事業者が、社会の一員として、放送番組が一定のレベルを確保するために考えておかなければならない当然のことを確認するための自主的基準である」とする。その「放送基準」を会員各社(民放各局)が自社の番組基準に取り入れている。取り入れる形は、大きく二つに分かれる。一つは、民放連「放送基準」と同一のものを自社の番組基準として、正面から規定する形。もう一つは、自社独自の基準を何カ条か規定した後、もしくは規定する前に、たとえば「番組および広告の企画、制作、実施に当たって守るべき基準と限界については、日本民間放送連盟放送基準に準拠する」というような一カ条を設ける形である(日本民間放送連盟『放送倫理手帳 2012』日本民間放送連盟、二〇一一年、一一二ページ)。

(4) 一九七五年一月十六日改正、同年一月十七日施行。

(5) 新第三章「児童および青少年への配慮」に定める。一九七五年改正では、旧第三章の「家庭と児童」を「児童および青少年への配慮」として児童・青少年に関連した部分を独立させ、旧第八章の「表現と演出」を「表現上の配慮」「暴力表現」「犯罪表現」「性表現」の四章に分離・独立させる改変がなされた。

（6）本書では、「マスコミュニケーション」とはマスメディアを介するコミュニケーションのこととし、一般に「マスメディア」の意で用いられ、かつ「マスコミュニケーション」の略語でもある「マスコミ」の語は、混乱を避けるために引用を除いて使用しない。
（7）ニクラス・ルーマン『マスメディアのリアリティ』林香里訳、木鐸社、二〇〇五年、九ページ
（8）西垣通「オートポイエーシスにもとづく基礎情報学――階層概念を中心として」、岩波書店編「思想」二〇〇三年七月号、岩波書店、一八ページ
（9）前掲『マスメディアのリアリティ』七ページ。なお、最後の一文は、引用者の文脈で書き換えている。引用元の記述は「なぜならばマスメディアから得られた知識は、ひとりでに強化するかのごとく、自分の構造へと再びつながっていくからである」。
（10）堀江宗正「スピリチュアルとそのアンチ――江原番組の受容をめぐって」、石井研士編著『バラエティ化する宗教』所収、青弓社、二〇一〇年、六九ページ
（11）同論文七二ページ
（12）同論文七二―七三ページ

序章　テレビと〈オカルト〉の邂逅
——オカルト番組前史

日本でテレビ（本）放送が始まったのは一九五三年（昭和二十八年）、日本でオカルト番組が制作され始めるのは六〇年代末である。(1) そして七四年（昭和四十九年）、オカルト番組は一ジャンルとして成立する。

テレビの草創期・普及期にあたる約十五年の間、新聞（テレビ欄）・雑誌を調査した範囲では、オカルト番組が制作された形跡は見当たらない。放送技術や番組制作のノウハウが未熟だったことも一因と考えられるが、ラジオでは心霊実験会の実況放送がおこなわれたことからして、テレビがオカルト番組を制作しなかった理由はほかにあったと推察される。

なぜオカルト番組は一九六〇年代末に至るまで制作されなかったのか——本書はオカルト番組をめぐるメディア言説を検討するのだが、序章である本章では、心霊術をめぐるメディア言説を軸にして、オカルト番組が存在しなかった五〇年代からアプローチしてオカルト番組が出現した六〇年代のメディア空間を概観する。

1——心霊術の流行

▼ラジオで実況放送された心霊実験

一九五四年(昭和二十九年)七月二十五日付の「朝日新聞」に、大正期から心霊現象(霊魂説)の否定派として知られた心理学者の小熊虎之助[2]による寄稿「心霊現象の真偽」が掲載された。以下は、その冒頭である。

早くから心霊現象の名でよばれていた一団の怪奇な心霊物理現象がある。戦後一部の新興宗教がこの現象を利用宣伝したためと、この現象を親しく観察実験した結果、その真実性を主張する二三の科学者と有名な社会人とが出たためとで、近ごろの現象が新聞ラジオでも取り上げられ、その真偽が相当社会的な問題や話題にもなっている。[3]

「近ごろの現象が新聞ラジオでも取り上げられ」という、そのラジオ番組については、同年三月一日付「毎日新聞」によって知ることができる。記事は番組を告知するもので、「心霊実験を録音放

送　四日夜『ラジオ東京』から」「ひとりでに鳴る尺八――人形のダンスや空中に上るテーブル」「徳川夢声の解説で」の見出しが配されている。以下、長い引用になるが、記事の全文である。

四日午後八時からのラジオ東京『広場』の時間に日本四大霊媒の一人津田江山氏による「心霊実験会」の録音が放送される。これは心霊の不思議な力で音を聞かせようとしてラジオ東京が半年がかりでものにした自慢番組である。録音は二十五日夜、作家長田幹彦氏邸の十畳間に五個のマイクをすえつけて行われた。まず部屋の片すみにある一メートル四方のボックスの中に霊媒者津田氏がイスに手足をくくりつけられて座る。レコードが『春の海』をかなでるにつれて津田氏は失神状態におちいり、どこからかコツコツという音が聞こえてくる。これはラップ現象といわれ、心霊が活動をはじめたしるしなのだ。やがて部屋の中央のテーブルがシコを踏むような運動をはじめたり一メートルばかりのメガホンが空中に飛び上ったり人形がダンスをしたり、ハーモニカや尺八がひとりでに鳴り出したりした後、テーブルが空中にもち上がりドシンと落ちるところで最高潮に達する。こうした音はすべて細大もらさず収録されているが、心霊学によるとエクトプラズムという霊力によって起こる現象だという。この実験には心霊研究家長田幹彦氏、心理学者宮城音弥氏、工学博士後藤以紀氏が出席し、徳川夢声氏が実況解説を行っている。これに立会った某女性プロデューサーなどは暗やみの中に銀色のエクトプラズムを見たといい、それ以来体の調子がすぐれないというほどで、その他のKR職員たちも心霊の力に全くイカレた格好だ。宮城氏だけは実験後も半信半疑で「あのくらいのことは手品でもできるのではないか」といっている。[4]

開局間もないラジオ東京は、どのような企画意図で「心霊実験会」を放送したのか、資料が乏しく不明だが、当時の新聞・雑誌を見ると、この番組が心霊術（心霊実験）の流行に少なからぬ影響を及ぼしたことがわかる。小熊が「早くから」と述べたように、放送された心霊物理現象は戦前期から実演されていて、すでにトリックも指摘されていたが、ラジオ番組をきっかけに、その真偽がマスメディアであらためて取り上げられる問題・話題となったのである。

▼一九五四年――心霊術のトリック

「婦人画報」一九五四年八月号（婦人画報社）は「心霊の流行」と題して、長田幹彦「霊の問題」と大宅壮一「霊の独断をつく」の二論稿を掲載した。リードに「心霊術が話題になり且つ流行している、この原子力時代に逆行するかのように思われる心霊術の本体は何であり、何故魅力をもつのであろうか」と記し、二氏それぞれが心霊術の流行について論じる構成である。

長田は件のラジオ「心霊実験会」に言及し、「その反響のすばらしさには、ぼくもさすがに面くらってしまった。霊の事実にこんなに興味をもつ人が多いものかとおもって、実さいぼくは眼をみはってしまった」[5]と述べる。長田のもとには、特に若い女性から、七百通以上に及ぶ「相当身のある手紙」が届いたという。「若い世代の女性たちが、生活に即した古風な宗教からもっと本質的なものへ転向しようとしているあせりはまことによくわかる」[6]と、長田は流行の背景に「本質的なもの」への希求を指摘する。

長田にとって心霊研究とは、心霊現象から〈迷信〉を排し、〈科学〉によって霊の存在を証明することである。長田は、霊の実在を確信しているがゆえに迷信的な口寄せや霊媒の詐術に批判的であり、いわゆるミコやイチコと心霊研究を同一視されることを嫌っていた(7)。この「霊の問題」でも、次のように述べている。

今までの経験によると、彼ら〔霊媒：引用者注〕は一般に思想や理解力が非常に古くさくて、どれもこれも宗教で偽装されているのが、ほとんど大部分である。これには何よりも困っている。折角過去の人の霊が出現しても、狐がついたり、邪霊がついたりして、実態をそのまま心理的にとらえることができない(8)。

これに対して大宅の「霊の独断をつく」は、「この〝霊媒〟なるものは、大部分「宗教で偽装」していると長田氏もいっているが、私にいわせれば流行の〝心霊現象〟なるものは、奇術や宗教と切りはなすことのできないものである」と反論し、心霊術が「一応〝学問〟とか〝科学〟とかの形をとって行なわれているものでも」、霊が存在すること、さらにその霊が不滅であることを前提としているところに、論理の「飛躍」があると述べる(9)。

「三百年もの間、すぐれた学者たちがいろいろ研究しているともかかわらず(ママ)、今だに(ママ)そのエクトプラズムの正体をつかんだものはない」と長田氏はいっているが、せんだって長田氏たちによって行われた実験の際、朝日新聞で撮った赤外線写真では、そのエクトプラズムはただの白木綿であることがハッキリわかるように写っていた。また〝浮游現象〟にしても、私の知っている奇術師は、この程度のことなら自分たちでもたいていできるといっている。[10]

大宅が引き合いに出した「朝日新聞で撮った赤外線写真」は、長田の協力のもと、[11]霊媒のエクトプラズムの撮影に成功した、いわゆるスクープ写真で当時話題を呼んだものである。また「私の知っている奇術師」とは、戦前から心霊術のトリックを指摘・非難していた石川雅章だろう。「知性」一九五四年八月号[12]は、巻頭グラビアに「心霊実験は終止符を打たれた！」の見出しを打ち、心霊現象を撮影したとされる国内外の写真にキャプションでトリックを説明・示唆する四ページを組む。なかでも「見破られた心霊の正体！」の見出しで強調された写真は、縄で縛られているはずの霊媒が手でメガホンを持っている瞬間を捉えたものである。グラビアの最後を飾るのは石川雅章[13]で、縄抜けの手順を連続写真とキャプションで説明している。

前述の二例のように、心霊術の流行を取り上げた一九五四年の雑誌記事は、トリックを読者に〈教える〉意図を含むところに特徴がある。「婦人画報」の「心霊の流行」にしても、大宅の寄稿がその役割を果たしている。つまり、送り手（雑誌・記者）はトリックを説明することが有用（記事になる・読者のためになる）と考えたということである。別言すれば、その真偽が相当社会的な問題や話題になったといわれたとおり、心霊術（心霊実験）に対して疑う人もあれば信じる人もいるという認識を前提としていたといえる。

ところが、次節に見るように、「週刊誌時代はじまる」一九五六年以降、雑誌は心霊術をしばしば「ブーム」として取り上げるが、それらの記事ではトリックの説明などなされなくなる。

2――週刊誌ブームと心霊ブーム

▼週刊誌ブーム

一九五〇年（昭和二十五年）、放送法・電波法・電波監理委員会設置法（電波三法）が制定され、私企業（放送法では一般放送事業者）による民間放送の道が開かれた。五〇年代は、ラジオの成長・成熟期であり、テレビの草創期であり、[14]週刊誌がニューメディアになった時代である。

一九六一年刊行の鶴見俊輔『新しい開国』の「第三章　ブーム・ブーム」は、次のように述べる。


おどろくべく（ママ）テンポのはやい時代がはじまった。新しい時間感覚の時代を画したのは、一九五一年以後に急カーブで売行きの上昇を見せ、国民の読物となった週刊誌だった。『週刊朝日』と『サンデー毎日』は、大正時代にはじまったものだが、戦後十年目に入って、ともに百万部を突破した。週刊単位の出版は日本では育たないという戦前の常識はうちやぶられた。一九五九年には、国鉄の売場に、三十種類以上の週刊誌が目白押しにならび、鉄道を利用して出勤する会社員たちは、それらのうちの数種をえらんで職場の話題を見つける習慣ができた[15]。

一九二二年（大正十一年）に創刊された「週刊朝日」（朝日新聞社）、「サンデー毎日」（毎日新聞社）のほか、五二年（昭和二十七年）に創刊された「週刊サンケイ」（扶桑社）、「週刊読売」（読売新聞社）など、新聞社の組織機構を背景にスピード化された編集・宣伝技術によって、週刊誌が発行された。さらに五六年二月、初の出版社系週刊誌である「週刊新潮」（新潮社）が創刊される。当時の出版界には、週刊誌は大新聞社でなければ発行できないという先入観があった。出版社は新聞社のようなニュース網をもたないこと、書ける記者が少ないこと、資本が小さいことなどが、その理由だった。「週刊新潮」の成功は、こうした先入観を打破し、週刊誌ブームを現出させた。翌年から週刊誌の創刊が相次ぎ、五九年五月には、週刊誌の週間総発行部数は千二百万部に達する[16]。「週刊誌時代はじまる」と規定される一九五六年（昭和三十一年）以降、「週刊誌はブームをつくり、つくったそのブームを食べて生きのびる[17]」というように、マスメディアはブーム造出の主体に転位する。「ブーム」とは、ジャーナリスティックな現象である。流行することで話題になり、話題になることによっていっそう増殖／収束する。その連鎖の要にマスメディアは位置することになる[18]。

▼一九五〇年代に活躍した心霊研究家と霊媒師

一九五〇年代から六〇年代初頭に、心霊研究家として雑誌メディアに登場する主な人物は長田幹彦、後藤以紀、板谷松樹、田中千代松、小田秀人などである。また、当時「一流の霊媒師」と称されたのは津田江山、亀井三郎、萩原眞、竹内満朋らである。いずれも、戦前から心霊研究・実験に取り組んでいた人々である。

霊魂の実在を信仰するスピリチュアリズムの運動は、十九世紀半ばからアメリカを中心に始まるが、この精神運動は、霊能者と、霊能者が示す心霊現象によって霊魂の実在が科学的に根拠立てられるとする科学者や理論家のグループを伴うところに一つの特徴がある。欧米では一八八〇年頃から多くの団体が結成され、一九二三年には国際スピリチュアリスト連盟（国際心霊学者連盟。以下、ISFと略記）の名のもとに、第一回の国際会議が開催された。

日本では、一九〇八年（明治四十一年）に、イギリス文学者で心霊研究の先駆けとなった平井金三が設立した心霊現象研究会が第一回の会合（サイコメトリーとテーブルターニングの実験）をおこなっている。[19] ISFの第一回国際会議が開催された二三年（大正十二年）には、浅野和三郎[20]が心霊科学研究会（のちの心霊科学協会）を設立、二八年（昭和三年）、ロンドンで開催されたISFの第三回国際会議に福来友吉[21]とともに参加した。翌二九年、東京心霊科学協会が発足する。

ラジオ放送された「心霊実験会」で会場を提供した作家の長田幹彦は、一九一〇年代に新進作家として文壇の花形となり、『祇園夜話』（千章館、一九一五年）など祇園物と呼ばれる作品群を執筆して谷崎潤一郎と並んで耽美派の代表的作家と称されるも、次第に通俗作家へと傾斜して文壇から離れた頃（一九一七―一八年）、イギリスの心霊学関連文献を盛んに読んだという。[22] 浅野が二八年（昭和三年）に刊行した『心霊講座』（嵩山房）に感動し、霊媒・亀井三郎の心霊実験を目の当たりにして、本格的に心霊研究に取り組むようになる。[23]

長田と亀井を引き合わせたのは、心霊研究団体・菊花会を主宰した小田秀人だった[24]。小田は京都帝国大学と東京帝国大学に学んだ詩人だったが、誘われて大本に至り、鎮魂鬼神や心霊研究に没頭する。浅野・亀井と出会い、一九三〇年に菊花会を組織して心霊実験会の開催を重ねた。この菊花会で霊媒としてデビューを果たしたのが、萩原眞と竹内満朋である[25]。

浅野の東京心霊科学協会は、大阪に子爵の間部詮信を支部長とする支部を置いた。戦前の心霊術は、関東より関西で盛んだったといわれる[26]。一九三七年（昭和十二年）に浅野が死去すると、東京心霊科学協会は存続したが、戦中に活動を中止した。大阪支部は、戦中に弾圧を受けて解散した。

一九四六年（昭和二十一年）、浅野の流れを汲む人々の手によって日本心霊科学協会が設立され、四九年に東京都の財団法人として認可を受けて、財団法人日本心霊科学協会となった。後藤以紀、板谷松樹、田中千代松らは旧東京心霊科学協会の会員で、日本心霊科学協会設立の有力メンバーである。

なお、萩原眞は一九四八年（昭和二十三年）に千鳥会という修養団体を組織し、翌年に宗教法人を取得。五二年、「真の道」と改称して開祖となった。

また、心霊研究家でも霊媒師でもないが、件のラジオ「心霊実験会」で実況解説を担当した徳川夢声は、心霊現象を否定しない論客として重要な役割を担う。長田によれば「心霊学の熱心なファンのひとりで、電話でしらせると、原稿執筆中でも何でもおッ取り刀で実験会場へかけつけてくる人であった[27]」。徳川は「わたしは信者でもなければ研究家でもありません。まあシンパというところでしょうか[28]」というスタンスをとり、心霊現象を頭から否定することに批判的だった。折に触れ、一九四九年（昭和二十四年）にノーベル物理学賞を受賞した湯川秀樹と対談したときのことを語っていた。

湯川って人は本当の科学者だと思いますね。『科学では存在の証明はできるが、ないということの証明はできない』といってましたからね。ですから、霊魂なんてものはない、と断言する科学者がいたら、その人はちょっと科学者としては不足した人だとあたしゃ思うんです。(29)

▼一九五六年——一笑に付す〈常識〉とその裏返し

「週刊読売」一九五七年一月二十七日号は、巻頭に大型特集「ルポ『霊魂の世界』——心霊術のナゾをつく」を掲載する。以下は、そのリードである。

アメリカはいま大変な〝心霊ブーム〟である。人間の生前を語るという奇妙な心霊の実験秘話が発表され、全国的な話題になったというのも昨年のことだ。この〝心霊ブーム〟がことしはどうやら日本にも輸入されそうだという。〝霊魂の世界〟が現代の衣装をつけ、科学のおメンをかぶって再登場というわけだが、さてその実体は？(30)

アメリカの〝心霊ブーム〟とは、〝The Search for Bridey Murphy〟（邦題：『第二の記憶——前世を語る女ブライディ・マーフィ』光文社、一九五九年）がベストセラーになったことを指している。これは著者モーレー・バーンスタインがルース・シモンズ夫人（仮名）を被験者として、幼少期、さらに出生以前と、いわゆる退行催眠を施したところ、彼女がブライディ・マーフィと名乗った前世の記憶を語りだしたという、その催眠実験の記録である。アメリカでは一九五六年一月に出版され、二月のうちに発行部数十七万部を突破してノンフィクションのベストセラー第一位となり、大きな話題を呼んだ。[31]

ブライディ・マーフィの話題を伝えた「週刊新潮」一九五六年五月一日号、「サンデー毎日」一九五六年六月十日号では、いずれもアメリカの雑誌「ＬＩＦＥ」が報じた専門家の見解によって「前世の記憶」は潜在意識による虚偽の記憶だと説明していた。しかし、「ルポ『霊魂の世界』」では、「ＬＩＦＥ」の記事に言及して「アメリカの精神病学者や心理学者は、深い催眠状態に陥ったシモンズ夫人の潜在意識が、彼女のあらゆる記憶を動員させたのであろうと説明」しているとしながら、「それにしても、アイルランドの伝説、地理に詳しい事実の一致は、なお解きえないナゾである」[32]と述べる。

「ルポ『霊魂の世界』」は、「なお解きえないナゾである」ブライディ・マーフィの話題を枕に、「心霊術、あるいは英、米に発達している心霊科学は、現代のテーマの一つになろうとしている」[33]として、日本の心霊術・心霊研究の動向を取材したルポルタージュである。

日本の状況として取材しているのは、①予知（夢）によって競輪で一億円を儲けようとしている老人、②念じることで食べ物を腐らせない、花を枯れさせないようにできるという霊能者、③長田幹彦の超心理現象学会でおこなわれる実験、④尋ね人や病気、ノイローゼなどの相談を心霊術（透視）で解決しているという尼僧、⑤後藤以紀の影響で心霊研究を始めた大阪大学工学部教授・安藤弘平、⑥新しい科学として心霊科学の樹立を目指す元外交官の仁宮武夫、である。

④の後に、主な心霊現象（透視、予知、他界通信、心霊電話、物品浮遊、物質化現象）の概略が紹介され、⑤の前に次の記述がある。

こうした心霊現象はまず詐術か錯覚かと一笑に付すのが現代の〝常識〟だろう。だが、この〝常識〟に現代一流の一部の科学者たちが反対しているとしたら[34]――

つまり、送り手（「週刊読売」）は、受け手（読者）が「心霊現象はまず詐術か錯覚かと一笑に付す」ことを前提として、権威ある科学者が心霊研究に熱心になっているという事実をニュース（記事になる）と捉えているのである。

一九五〇年代後半（昭和三十年代前半）に心霊術を取り上げる雑誌記事は、心霊現象は詐術か錯覚と一笑に付すのが現代の〈常識〉であるとしたうえで、その〈常識〉を揺るがす／覆す話題として記事にするところに特徴がある。以前、送り手は心霊術（心霊実験）がトリックであることを受け手（読者）に〈教える〉ことを意図したが、その後、受け手（読者）は心霊現象を詐術か錯覚と一笑に付す〈常識〉をもつものと表象されるのである。また、このことと関連して、この時期の記事には、湯川秀樹の「心霊現象のすべてをインチキときめてかかるわけにはゆかない[35]」というコメントを引用するなどして、心霊現象すべてを詐術・錯覚と一笑に付す態度に否定的で、科学の進歩によって新たな知見がもたらされるのではないかという期待・関心を語る傾向が認められる。[36] こうした傾向は、次のような合理主義批判にも見て取ることができる。

▼一九六〇年――合理主義批判

「人間専科」一九六〇年八月号（人間専科社）掲載「座談 心霊の奇跡を追って」は、司会に徳川夢声、出席者に心霊研究家として長田幹彦と小田秀人、念力測定器開発者の橋本健、作家の中河与一を迎えた座談会で、心霊術に否定的・懐疑的な人物は含まれない。

冒頭、中河が「今日は皆さんの御話を拝聴しようと思って来た」と出席の理由を語る。「合理主義とか必然論というもの」へのアンチテーゼとして心霊研究へ関心を寄せる中河は、科学の進歩によって世界観が変わってきたように、これまで非合理・非科学的な〈迷信〉とされてきた心霊現象も、科学の進歩によって新たな知見がもたらされるのではないかという。座談会の結論を導くのは、司会の徳川である。

徳川　何でも摑むことが出来るものばかりだったら、つまらないですよ。われわれが摑むことが出来ない、いろいろなものがある処に生きているのが、値打ちがあるんだという気がしますね。今のわれわれのごとき、組織の動物が何でも分かるということはおかしいですよ。世の中は……。

中河　それはそうですね。単純な合理主義というものを脱却せないかんな。

徳川　それが新時代の宗教でしょうね。科学とも矛盾しない。

（略）

徳川　さもなければ、少くとも物質の有するあらゆる姿を、科学はまだ知ってないんだというわけですよ。（略）まあここらが結論ですね。（笑）

編集部　たいへんどうもいい結論で……。ありがとうございました。[37]

ここで「単純な合理主義」として否定されるのは、超自然的現象をことごとく非合理的・非科学的な〈迷信〉と断じる態度であり、「単純な合理主義」へのアンチとしての心霊研究は、科学と矛盾／対立するのではなく、むしろ科学の進歩とパラレルだと捉えられている。

一九六〇年代初頭の心霊関連記事には、比較的肯定的・好意的に心霊（術）・心霊研究家を取り上げる傾向が認められる。「週刊読売」一九六〇年九月十八日号掲載「心霊界は大繁盛」によれば、板谷松樹が「心霊界の不思議」を語ったラジオ番組（ＮＨＫ第一『朝の訪問』八月二十九日七時四十五分―八時放送）は「大きな反響をよび、北海道から九州まで、全国各地からの投書がＮＨＫに殺到」「ＮＨＫの係りの話では、投書の内容は、頭からけなしたり、また信じこんだりするものは一通もなく「もっと研究したいから板谷先生の住所を教えてくれ」という、まじめなものばかりだった」[38]という。

▼一九六四年――信じる人vs.信じようとしない人

「文芸朝日」一九六四年七月号（朝日新聞社）掲載「心霊術は花ざかり」は、二十三ページに及ぶ大型特集である。「私は心霊術をこう見る」と題する二つの座談会（田中千代松、徳川夢声、水木洋子が出席する「座談会1 霊能はだれにでもある」と、石川雅章、林髞、藤沢衛彦が出席する「座談会2 手品としても下の下」）を主とした構成で、トビラには以下のリードがある。

心霊術が秘かなブームのようです。「世にも不思議な物語」というテレビ番組が好評だったのも、そのせいでしょう。カンケイない人には、全く空談としか思えませんが、信ずる人信じようとしない人にとっては、殴りあいにもなりかねまじき大問題のようです。死んだ人の霊が出て来る。幽霊はたしかにいる。読心術が上達すれば、彼女の心の底も分る。と心霊術があらたかな霊験を謳うと、われわれは思わず吹出すでしょう。すると、信ずる人は「お前は霊能がナイ」と一喝するのです。だから、こんなものをのさばらせてはいけナイ…と〝信じようとしない人〟は叫びます。両陣営とも心から叫びます。第三者の皆さま――審判官のつもりでとっくりと読んで下さい。[39]

心霊術が「秘かなブームのよう」だということを受け手（読者）に合点させるために引き合いに出されるのは、テレビ番組『世にも不思議な物語』[40]（日本テレビ）である。この記事は、これまで見てきた記事と異なり、「テレビ時代」を迎えた時期にある。テレビは一九五〇年代末から急激に普及し、六二年三月に世帯普及率で五〇パーセントに、東京オリンピックがおこなわれた六四年度末には八三パーセントに達する。[41]

受け手（読者）は「カンケイない人」「〔思わず吹き出す：引用者注〕われわれ」「第三者の皆さま」とされ、「審判官のつもりでとっくりと読んで下さい」と、送り手（〔文芸朝日〕）は受け手（読者）にいわば観客席を用意する。[42] 一九五〇年代後半から、受け手（読者）は心霊術を詐術（トリック）と一笑に付す〈常識〉をもつものと表象されたが、いまや「カンケイない人」「第三者」と明確に位置づけられることによって、心霊術それ自体の話題性ではなく、心霊術をめぐる肯定・否定の対立・論争が記事になるという事態に至るのである。これまでも肯定派・否定派を交えた座談会などのリードに「真偽のほどは読者のご推断におまかせする」[43]と提示するものはあったが、読者を「カンケイない人」「第三者」とはしていなかった。しかし、この特集では、読者を「カンケイない人」「第三者」と明確に位置づけ、肯定派・否定派それぞれの主張を「審判官のつもりで」読むよう促す。真偽に基づく判断を求めているわけではない。つまり、読者は座談会の観客／視聴者なのである。

この記事から見て取れるのは、「その真偽が相当社会的な問題や話題」になった一九五四年から十年、「その真偽」はもはや問題（記事）になりえず、[44]読者が座談会の観客／視聴者になることによって、肯定派・否定派の対立・論争が見せ物（記事）となるというメディア・フレームが生じていたことである。

3――オカルト番組を出現させたメディア空間

▼放送されなかったラインハートの心霊実験

一九五八年(昭和三十三年)、日本心霊科学協会は、優秀な霊媒としてアメリカからキース・ミルトン・ラインハートという青年を招いて、東京と京都で心霊実験会を開催した。[45] さらにNHKのスタジオでも実験がおこなわれた。[46]「週刊読売」は、次のように伝える。

優秀な霊媒だということなので、協会では、NHKの協力を得て、良い結果がでれば、全国テレビ放送も考えていた。暗やみでもみえる赤外線テレビなど、さまざまの装置が用意されたが、結局、霊媒が許したときにしか写真がとれなかったので、はっきりした結論はでなかったようだ。[47]

ラインハートの実験は放送されなかった。実際、一九六〇年前後(昭和三十年代)に霊媒師がテレビに出演した形跡はない。ただし、心霊現象を取材対象とすることに関心がなかったわけでもないらしい。たとえば、超心理学実験器を駆使して念力や霊能力の証明を試みる橋本健に『私は知りたい』(KRT=現TBS、二十時三十分―二十一時)から出演依頼があったが、橋本によれば、いい霊媒が見つからなかったため企画が進まず、放送には至らなかったという。[48]
断片的ではあるが、ラインハートの一件や橋本の話からは、一九五〇年代末に心霊現象の企画化を試みたテレビ番組制作者には、ホンモノの霊媒でなければ放送できない、インチキの霊媒は放送できない、という判断があったと推察される。
霊媒師がテレビ出演することがなかった一九六〇年前後、活躍したのは催眠術師である。五九年六月八日放送『テレビスコープ』（日本テレビ、二十時三十分―二十一時）の「催眠術王アーサー・エレン」をきっかけに催眠術ブームが起こり、催眠術は人気コンテンツの一つになる。[49] また、石川雅章によれば、六三年に日本テレビで、翌年にNET（＝現テレビ朝日）で、心霊術のトリックを周知させる目的で、エクトプラズムを出してみせたという。[50] 昭和三十年代（一九六〇年前後）、テレビはエクトプラズムを出し物とはしたが、それは奇術師によるものだった。
しかし、ほどなく、霊能力者はテレビ出演を果たす。超自然的力があると称する彼らを出演させた番組は、ルポルタージュやワイドショーである。とりわけ一九六〇年代後半に簇生するワイドショーが、彼らを見せ物にしていく。その背景として、次に、心霊と科学の関係性の変化とセンセーショナリズムの進展、怪奇・妖怪ブームに注目し、〈オカルト〉が出し物になったメディア空間を捉えることにしたい。

▼一九六〇年代後半——科学をめぐる転位とセンセーショナリズムの進展

一九五〇年代後半から六〇年代前半（昭和三十年代）、簇生した週刊誌は「娯楽雑誌ではもの足らず総合雑誌ではむつかしすぎる」という「中間層」を読者とした。[51] 戦前の中間層は〝ヒョウタン型〟だったが戦後の中間層は〝チョウチン型〟にふくらんでいる、と加藤秀俊が「中間文化論」に書いたのは五七年である。

一九六〇年代前半での心霊関連記事には、視点を変えれば、心霊現象を詐術か錯覚と一笑に付す態度が現代の〈常識〉であると「中間層」に認識させた側面が見える。さらに、その〈常識〉を認識した「中間層」の読者が観客／視聴者（像）と重ねられると、それまでとは異なるメディア・フレームが形成される。

一九六〇年代後半（昭和四十年代前半）、心霊術をめぐる雑誌メディアの言説には、大きく二つの変化を指摘することができる。一つは、心霊と科学との関係の変化である。たとえば、「婦人公論」一九六六年六月号掲載の石原慎太郎による寄稿「私は心霊を信じる」は、次のように述べる。

どんなに卑俗な、人が迷信と呼ぶような出来事でもいい、自身が味わった不可思議な体験を手がかりに、科学絶対の信仰から一歩離れて、人間が秘めてもった力について考えてみたい。必ず、そこに、今まで未知だった人間の本質がうかがわれ、今まで考えていた人間のイメージが誤り多いものであったことに気づくだろう。人間は神秘である、と言うよりも、神秘こそが人間なのである。[52]

科学の進歩に霊の存在証明を期待した長田幹彦は、一九六四年に死去した。新世代の石原は、霊は「科学が成立する次元」とは異なる次元にあるのであり、いかに科学が進歩しようとも、科学で霊を捉えることはできない、と考える。科学と神秘を対置し、人間が考え出した科学ではなく、人間が秘めてもった力／神秘にこそ人間の本質があるのだという。

石原にとって「科学」が「宇宙を破壊してしまいかねない」ものであるように、一九六〇年代半ばから七〇年代、否定的に語られる「科学」に対するアンチテーゼとして心霊／神秘が肯定的に語られるようになる。つまり、これまで科学の進歩とパラレルだった心霊（術）は、科学との対立に転位する。心霊／神秘と科学は別次元のこととして切り離されると、心霊術で求められた霊の科学的証明は不要のものとなる。

もう一つの変化は、センセーショナリズムの進展である。たとえば、「女性自身」一九六五年七月二十六日号掲載「招霊実験——霊界から招かれた死者たち」のリードは、次のとおりである。

その日、集まったのは交通事故で肉親を失った家族たち。悲惨な思い出は、この人たちの胸の底からは消えない。霊の存在を信じるか信じないかは、あなたにおまかせして、ありのままの実験報告をお届けしよう。[53]

これまでも誌上で同様の実験（口寄せ）はおこなわれたが、それは霊媒の真偽・詐術の有無を検証することを意図／建前としていた。その場合、送り手が受け手（読者）に「霊の存在を信じるか信じないかは、あなたにおまかせ」するとしても、霊媒の真偽・詐術の有無を問うフレームは保持される。しかし、この「招霊実験」は「招霊」を実際に経験する、実地に遭遇するという意味で「実験」というのであって、心霊現象の真偽・詐術の有無は不問に付されている。送り手（「女性自身」）はただ、受け手（読者・あなた）に「招霊」という非日常的な場をのぞき見させるのである。

心霊現象は詐術か錯覚と一笑に付すのが現代の〈常識〉だから、のぞき見る世界には〈常識〉からの逸脱が期待される――より正確にいえば、期待されるだろうと送り手が予想する――傾向が生じる。「招霊実験」では、「百ワットの電球はこうこうと輝いたままで」「タネもシカケもない」など、送り手（記者）に「招霊」の信憑性を高めようとする意図があることが読み取れる。

送り手は、受け手のためにのぞき穴をあけ、小さな穴から見える世界をできるだけ受け手の期待に添うように表現する。ここに〈オカルト〉のセンセーショナリズムが進展する。

▼怪奇・妖怪ブーム

一九六五年七月二十八日付の「読売新聞」に掲載された座談会「なんでも話しましょう」の話題は心霊現象で、リードは次のとおりである。

怪談ものの芝居や映画を見ながら、笑い声をあげるのが、このごろの観客かたぎとか。たしかに、数十億円の脱税事件や領収書もいらない数千万円の公職交際費など、マカふしぎな〃現代の怪談〃になれた庶民の前には、素朴な怪談も、トンと迫力を失ってしまったのかもしれません。(54)

「太陽」一九六六年五月号（平凡社）に掲載されたマンガに関するアンケート調査（都内六つの小・中学校〔小学五・六年生、中学一年生、男子百七十五人、女子百八十人〕を対象に実施）によれば、女子の間で最も人気があるのは、楳図かずおの『紅グモ』『へび少女』など怪奇ものである。「見たいマンガの種類」についても「こわいもの」という答えがかなり多く（女子百十九人、男子九十六人）、「気味の悪いもの」「謎のあるもの」の回答も、男子よりも女子が上回る。[55] この結果については、「すぐにも笑いとばしてしまえる気安さのところで味わってみたい手軽な自虐の要求ということになるだろう」[56] と分析されている。

怪奇マンガというジャンルは、戦後の手塚治虫（デビュー前に原型が描かれていた一九四八年の『ロストワールド』）に始まる。[57] 少女マンガ誌が三つの柱として、「かなしい、こわい、ゆかい」を打ち出したのは一九五七年（昭和三十二年）頃のことで、五九年におこなわれたジャンル嗜好の調査によると、少女の場合「探偵スリラーもの」が一六・五パーセントであり、少年たちよりも高くなっている。探偵スリラーとは、怪奇な事件に少女探偵が挑む「こわいマンガ」のことで、少女マンガは探偵スリラーのなかから、少女たちが本当に求めている部分、すなわち「恐怖」を抽出し、怪奇マンガというジャンルを成立させていく。それは六〇年代半ば（昭和三十年代末）の頃で、その立役者が楳図かずおである。[58]

「週刊読売」一九六八年七月二十六日号は、特別企画「オバケとはなにか」を掲載する。そのなかで野坂昭如が子どもたちの「お化け妖怪ブーム」について、次のように論じている。

子供たちは、その力弱くだからこそ強い感受性ゆえに、この世にうごめく魑魅魍魎の気配をかぎとり、おびえてはいるのだろうけれど、そのおびえの対象が〔親世代とは：引用者注〕まったく異なってしまっている、(ママ)われわれは夜の暗さや穴の深さや、死人の表情や、親のグロテスクさにおびえ、つまり身辺雑事にふるえ上がっていたのだが、今はそういったすべて、明るく装われるか、見事にかくされてしまって、多分、かわりあって浮かび上がってきたのが、地球滅亡のイメージではないのか。(略)手近なところに、怯えも、怨念もなくなって、あるものは、漠然とした不安である。(59)

「怪談ものの芝居や映画を見ながら、笑い声をあげる」観客、少女たちの「手軽な自虐の要求」、そして子どもたちの「お化け妖怪ブーム」の背景には、急激な社会変化と生活環境の整備、文明の利器の普及によって生じた価値観の変容が示唆される。そこに通底するのは「漠然とした不安」である。「不安」は、一九六〇年代後半(昭和四十年代)のキーワードだった。(60)

▼ワイドショーブーム

一九六〇年代後半に入ると、六四年に放送を開始した『木島則夫モーニングショー』(NET)の成功(61)に刺激を受けて、各局は続々とニュースショーやワイドショーを編成するようになる。六五年四月にニュースショー『スタジオ102』(NHK)、五月に『奥様スタジオ・小川宏ショー』

（フジテレビ）、六六年一月に『おはよう・にっぽん』（ＴＢＳ）の放送が開始されるなど、朝の時間帯にワイドショーが相次いで編成された。さらに、六六年に『桂小金治アフタヌーンショー』（ＮＥＴ）が人気を呼ぶと、昼の時間帯や午後の時間帯でも民放各局がワイドショーで競い合うことになった。深夜の時間帯でも、〝大人のワイドショー〟として『11ＰＭ』（日本テレビ）が六五年十一月に放送を開始した。[62]

当時のワイドショーを新聞のテレビ欄で追ってみると、一九六七年（昭和四十二年）から「霊媒」や「幽霊」といった言葉が見られるようになる。『桂小金治アフタヌーンショー』（十二―十三時、月―金）では七月十七日に「霊媒」、八月十六日に「霊魂を呼ぶ」、また七月二十九日の『奥さまスタジオ』（九―十時、土）に「幽霊特集」とある。翌六八年には、二月十四日『11ＰＭ』（二十三時十五分―二十四時、月―金）で「あなたは信じるのか（心霊の謎）」、七月十五日『おはよう・にっぽん』（八―九時、月―金）で「幽霊学入門」、十一月二十一日『桂小金治アフタヌーンショー』で「悪霊退治」とある。テレビ欄で確認できる範囲は限られるが、一九六〇年代後半（昭和四十年代）に入って、ワイドショーの枠組みで心霊現象が取り上げられるようになっていたことがわかる。[63]

同時期、ワイドショー以外でも、一九六七年七月三十日『ビジョン討論会』（フジテレビ）で「幽霊はどっこい生きている」、八月八日『カメラ・ルポルタージュ』（ＴＢＳ）で「幽霊をさがせ（地方カメラマン奮闘記）」、翌六八年七月三十日同番組で「亡霊ここに集まる」[64]など、討論番組の話題やルポルタージュの題材として、幽霊や霊媒が取り上げられていた。これらは民間信仰の場を映像で記録しようとする企画、あるいは世相を反映する話題として流行の社会的背景などを論じる企画だったと推察される。

心霊術が流行し、「その真偽が相当社会的な問題や話題」になった一九五四年、大宅壮一はそここで心霊実験会がおこなわれることに懸念を示しながらも、「すっかりこれにうちこんでいる熱心な研究者もあるが、多くは好奇心から奇術でも見るようなつもりで出かけて行くのである」[65]と述べていた。一九五〇年代後半（昭和三十年代）、その「多く」の「中間層」を読者として簇生した週刊誌は、心霊現象を詐術か錯覚と一笑に付す態度を現代の〈常識〉とした。さらに、その〈常識〉ある「中間層」の読者は観客／視聴者（像）と重ねられ、肯定派・否定派の対立・論争が見せ物になるメディア・フレームが生じた。

肯定派・否定派の対立・論争を見せ物とするフレームでは、心霊術の是非や現象の真偽を問う言説は自立しない。一九六〇年代後半（昭和四十年代）に入って心霊／神秘は科学に対するアンチテーゼに転位するが、この論理でもまた真偽を問う契機は失われている。心霊現象の真偽・詐術の有無が不問に付されながら、それを見せ物とするメディア・フレームでは、センセーショナリズムが進展することになる。

ワイドショーの登場は、週刊誌的センセーショナリズムに基づく心霊現象をテレビに持ち込む端緒となった。ワイドショーの流行と怪奇・妖怪ブームが重なった一九六〇年代後半、オカルト番組が登場するメディア空間が用意された。

注

（1）ただし、いわゆるオカルトがテレビで放送されるのは一九五九年末にさかのぼる。アメリカ制作のテレビドラマ『世にも不思議な物語』（原題：*Alcoa Presents: One Step Beyond*）が日本語吹き替えで放送され、人気を博した。日本テレビの社史では、次のように紹介されている。「『世にも不思議な物語』一九五九・十二・一——一九六一・二・二十一（火）21：15——21：45 心霊現象など、未知の世界を描いて本国でもセンセーションを巻き起こしたアメリカのテレビドラマ。実話に基づいた物語を考慮し、色のついた著名な俳優はいっさい使わなかった点がかえって臨場感を高めた。UFO、ユリゲラーなど、その後日本テレビの一つの顔ともなった一連の超常現象もののルーツともいえる番組」（日本テレビ五十年史編集室編『テレビ夢50年 番組編1 1953—1960』日本テレビ放送網、二〇〇四年、三三ページ）

（2）小熊虎之助（一八八八——一九七八）は大正から昭和期の心理学者。心霊現象の科学的研究をおこない、超心理学研究の中心的存在となる。著作に『夢の心理』（江原書店、一九一八年）、『心霊現象の科学』（新光社、一九二四年）など。

（3）「朝日新聞」一九五四年七月二十五日付朝刊。なお、本書での引用文は、原文の旧字を常用漢字・現代仮名にすべて改めた。

（4）「毎日新聞」一九五四年三月一日付夕刊

（5）長田幹彦「霊の問題」「婦人画報」一九五四年八月号、婦人画報社、一八七ページ

（6）同論文一八八ページ

（7）長田幹彦『霊界』大法輪閣、一九五三年、一六四ページ

（8）前掲「霊の問題」一八七ページ

（9）大宅壮一「霊の独断をつく」、前掲「婦人画報」一九五四年八月号、一九〇ページ

（10）同論文一八九ページ

（11）長田は霊の存在を確信するがゆえに、霊の存在は科学的に証明できると信じる。長田の心霊研究は科学と矛盾／対立するのではなく、科学の進歩に期待するものだった。したがって長田は最新の赤外線写真で霊媒を撮影することに協力するのであり、霊媒がトリックを使ったことに落胆する。後年、朝日新聞社（「アサヒグラフ」）のカメラマン・吉岡専造らは、撮影時の様子を懐述している。以下は、その一部である。

「この写真を、まっさきに長田さんにみせた。長田さんは物もいわず、じっとその写真を見ておられたが、「インチキです。霊媒はよくこういうことをやるのです。霊能がなくなると、こういう手品を使うのです」と、いかにも残念そうだった。長田さんの了解を得て、写真を霊媒の男に見せに行った。「どうも絹のきれのようですね。おりたたんだあともあるし」ハッキリといった。霊媒は「そうですか、絹がでましたか、こんな立派なエクトプラズムを出したのは、ぼくもはじめてだ。さすがは朝日新聞だ。すばらしい写真だ」といいだした。そして、その写真を見せられたその家の信者らしい婦人たちも、口々に「すばらしい。大成功だ」といいだした」（吉岡専造／岩本寛光「カメラが見破った心霊実験」「文芸朝日」一九六四年七月号、朝日新聞社、七三ページ）

（12）「知性」一九五四年八月号（知性社）は心霊術を特集していて、巻頭グラビアのほか、長田幹彦を中心とする「心霊夏の夜話（座談会）」、後藤以紀「心霊は実在する――否定論の盲点を衝く」、石川雅章「嗤うべき幼稚な手品だ」、木々高太郎（林髞）「コナン・ドイルの心霊研究」を掲載する。「心霊夏の夜話（座談会）」は、長田幹彦を囲んで「心霊についてのよもやま話」を聞くという企画で、

参加者は工業化学者の崎川範行、作家の安部公房、ラジオ番組で「心霊実験会」に出演した心理学者の宮城音弥である。肯定派と否定派の対立という構図ではなく、心霊実験に懐疑的・否定的な参加者がさまざまな疑問を投げかけ、長田がそれに応答しながら自身の体験や関心について語るものである。

(13) なお、誌面では石川の名は伏せられていて、「天勝の楽屋につとめていたというI氏」と表記されている。

(14) 一九五三年（昭和二十八年）二月にNHK東京テレビが、八月に日本テレビが放送を開始するが、高価で所有者は少なく、人々は「街頭テレビ」や近所の富裕な家庭、あるいは飲食店で、プロレスや演劇・寄席中継、劇映画などの娯楽番組を見た。制作技術も放送機材も未熟であり、放送時間も短かった。テレビとラジオの契約数が逆転するのは、六一年（昭和三十六年）である。テレビの受信契約数は五八年に百万件を超え、五九年「皇太子の結婚パレード中継」を機に急激に普及し、六二年で一千万台（世帯普及率で五〇パーセント）に達した（NHK放送文化研究所編『テレビ視聴の50年』日本放送出版協会、二〇〇三年、六―七、一一五ページ）。

(15) 鶴見俊輔／松本三之介／橋川文三／今井清一／神島二郎編集・執筆『新しい開国』（「記録現代史――日本の百年」第十巻）、筑摩書房、一九七八年、二二八ページ

(16) 松浦総三／織田久「戦後ブーム小史（中）昭和31年～36年」「調査情報」一九六七年四月号、TBS調査部、一三ページ

(17) 前掲『新しい開国』二二八ページ。原文は「週刊誌はブームをつくり、みずからのつくったブームを食って生きつづけるしかないからだ」。

(18) 香内三郎「ブーム・その栄光と幻想」「調査情報」一九六七年二月号、TBS調査部、八ページ

(19) 吉永進一「平井金三、その生涯」、共同研究報告書『平井金三における明治仏教の国際化に関する

宗教史・文化史的研究』（科学研究費課題番号〔16520060〕、平成十六年度―十八年度）所収、舞鶴工業高等専門学校、二〇〇七年、二三ページ

(20) 浅野和三郎（一八七四―一九三七）は、子どもの病気が行者によって治ったことから目に見えない世界に興味をもち、さらに大本教の開祖・出口なおに出会って入信する。なおの死後、教団を継承した出口王仁三郎の片腕として大本教の機関紙「神霊界」の主筆を務めたが、第一次大本事件（一九二一年）の後、脱退。英文学に通じた浅野は、ヨーロッパの心霊主義・心霊実験を援用して心霊の世界に近づこうとした。

(21) 福来友吉（一八六九―一九五二）は、東京帝国大学助教授だった一九一〇年（明治四十三年）、御船千鶴子、長尾郁子の透視・念写の実験的研究を始め、いわゆる千里眼事件（透視・念写などの超常能力の有無をめぐって世論、アカデミズムを二分した事件）の中心人物になる。騒動は二人の死（一九一一年一月に御船千鶴子が自殺、同年二月に長尾郁子が病死）によって収束するが、一三年（大正二年）に助教授を休職処分となり、のち辞職。二九年（昭和四年）、大日本心霊研究所を設立する。

(22) 前掲「霊の問題」一八六ページ

(23) 長田幹彦『霊界五十年』大法輪閣、一九五九年、一二ページ

(24) 同書一二ページ

(25) 小田秀人『四次元の不思議――心霊の発見』潮文社、一九七一年、一〇七―一〇八ページ

(26) たとえば、次のように伝える記事がある。「関西には戦前、故浅野和三郎博士（福来友吉氏とともに世界心霊大会に出席した）のあとをうけて、子爵間部詮信氏が主宰する大阪心霊協会が手広くやっていたが、戦争中に邪教あつかいで弾圧をうけて解散した。霊能者は警察署をタライまわしにされながら、房内でかずかずの〝奇跡〟を発揮して、ひとのいいおまわりさんたちをひそかにコワがらせた

という話も残っている。霊能者が多いのは、六甲山東端の甲山が古来、霊山として修験者が多かったため、その影響をうけてこの一帯から津田江山とか亀井三郎といった、著名な霊能者が続出し、ひところは『関西こそ心霊術のメッカ』とみられた時代もあった」（前掲「文芸朝日」一九六四年七月号、七一ページ）

(27) 前掲『霊界』一六一ページ
(28)「人間専科」一九六〇年八月号、人間専科社、巻頭グラビア
(29) 中央公論社編「中央公論」一九五五年一月号、中央公論社、一六九ページ
(30) 読売新聞社編「週刊読売」一九五七年一月二十七日号、読売新聞社、四ページ
(31)「リーダーズダイジェスト」一九五六年八月号、日本リーダーズダイジェスト社、三三ページ
(32) 前掲「週刊読売」一九五七年一月二十七日号、五ページ
(33) 同誌五ページ
(34) 同誌八ページ
(35) 同誌一一ページ
(36) たとえば、「座談 霊界を裸にする」（産業経済新聞社編「別冊週刊サンケイ」一九五七年七月二十五日号、産業経済新聞社）では、司会の松井翠声が「心霊現象がまた世間で騒がれるようになったんですが、だからどこまでどう行ってるか、その否定肯定は別として」といい、出席者の宮城音弥は「私はそれ〔心霊現象：引用者注〕に対して否定はしないんです、肯定しないだけで」という立場を貫く。座談で語られる心霊現象は、心理学者の宮城と生理学者の杉靖三郎によっておおむね錯覚（精神作用）と説明されるが、記事は全体に、宮城と同様、心霊現象を否定せず肯定しない、というスタンスで構成される。また、「心霊ブームを裸にする」（人物往来社編「特集人物往来」一九五九年八月

号、人物往来社）は、リードに「今を盛りの心霊ブームに科学的なメスをあててみた」と記すが、記事は心霊科学研究家の仁宮武夫や橋本式超心理学実験器（念力測定器：キーを押すと電流計の針が左右どちらかに五〇パーセントの確率で振れるように作られた計器で、どちらか一方に振れるよう念じながらキーを押すことによって確率が変化する、つまり念力が存在することを立証するための実験器）で知られた橋本健に取材したもので、心霊現象を科学的に検証するということではなく、心霊研究における科学的アプローチを紹介する。

（37）徳川夢声／長田幹彦／小田秀人／橋本健／中河与一「座談 心霊の奇跡を追って」、前掲「人間専科」一九六〇年八月号、五七ページ

（38）「心霊界は大繁盛」、読売新聞社編「週刊読売」一九六〇年九月十八日号、読売新聞社、八六ページ

（39）前掲「文芸朝日」一九六四年七月号、五一ページ

（40）本章の注（1）参照。

（41）前掲『テレビ視聴の50年』一二、一一五ページ

（42）「観客席」の比喩は、加藤秀俊の「見物人大衆」を念頭に置く。「一方では交通機関の整備（「観光旅行」という見物形式の大衆化をみよ）、他方ではマス・コミュニケイション・メディアの発達と関係する。これによっていまや大多数の民衆が見物人の席につくことが可能になったのだ。（略）今日の娯楽的状況をみるとき、われわれは、自分たちがじつは「見物人大衆」であることを知る。見物人の席にすわることは、われわれにとって欠くことのできない行為であり、見物習慣は、見物への欲求を拡大再生産するところまで進行してきている」（加藤秀俊「テレビジョンと娯楽」、岩波書店編「思想」一九五八年十月号、岩波書店、四二―四三ページ）

（43）前掲「別冊週刊サンケイ」一九五七年七月二十五日号、二二ページ

(44) 心霊実験が時代遅れの感が否めないものであることは、否定派はもちろん、肯定派からも指摘される。田中千代松／徳川夢声／水木洋子「座談会1　霊能はだれにでもある」(前掲「文芸朝日」一九六四年七月号)では、水木が「だけど、あの心霊実験ね、昔のまんまのやり方でしょう、手足をしばって暗幕のなかへはいって」と不満を漏らす。

(45) ワシントン大学哲学科生キース・ミルトン・ラインハート、当時二十二歳(前掲「特集人物往来」一九五九年八月号、三九ページ)。

(46) 同誌三九ページ、前掲「人間専科」一九六〇年八月号、巻頭グラビア

(47) 前掲「心霊界は大繁盛」八八ページ

(48) 前掲「座談 心霊の奇跡を追って」五五ページ

(49) とりわけ、同月十六日放送『私は知りたい』(KRT)の「催眠術とはどういうものか」では、「毒舌で有名な大宅壮一氏がかけられ、彼が人の云う通りになったのは生まれてはじめてだろうなどという有様」(講談社編「週刊現代」一九五九年七月五日号、講談社、二二ページ)となり、複数の雑誌が記事にするほど大反響を呼んだ。

(50) 前掲「文芸朝日」一九六四年七月号、五九ページ

(51) 前掲「戦後ブーム小史(中)昭和31年～36年」一三ページ

(52) 石原慎太郎「私は心霊を信じる」「婦人公論」一九六六年六月号、中央公論社、一〇七ページ

(53)「招霊実験――霊界から招かれた死者たち」、光文社編「女性自身」一九六五年七月二十六日号、光文社、五〇ページ

(54) 小山いと子／吉田洋一／宮城音弥「なんでも話しましょう」「読売新聞」一九六五年七月二十八日付朝刊。出席者は、作家の小山いと子、埼玉大学教授の吉田洋一、東京工業大学教授の宮城音弥(肩

書は当時)。

(55) 潮三吉「マンガブームと現代っ子」「太陽」一九六六年五月号、平凡社、七一—七五ページ

(56) 同論文七三ページ

(57) マンガ評論家の米沢嘉博は、江戸時代にかなりの数の妖異談があり、幕末・明治に活躍した河鍋暁斎(おそらく日本のマンガ家第一号)はかなりの「妖怪画」を残しているが、外国マンガを導入しながら日本のマンガが作られていくプロセスで怪異への嗜好は失われていったと述べる。また、大正期末になって物語マンガが描かれるようになってからも、それは同様だったという。戦前の児童マンガの主要ジャンルだった諸国漫遊物のなかには、少年剣士と出会う敵のなかに大入道や化け物などが描かれるものもあったが、それは少年に打ち破られる道化であり、恐怖を呼び起こすものではなかった(米沢嘉博『戦後怪奇マンガ史』鉄人社、二〇一六年、二〇ページ)。

(58) 同書二五、三〇ページ

(59) 野坂昭如「オバケはなんでもてるねん——オバケ学入門」、読売新聞社編「週刊読売」一九六八年七月二十六日号、読売新聞社、二六ページ

(60) 鴨下信一は「昭和四十年代は不安の時代」と懐述する。「〈不安〉は四十年代を通じて、〈地下からの鳴動〉のようにぼくたちを脅かし続ける。(略)政治は社会党・共産党共同推薦の革新・美濃部東京都知事が誕生(昭和四十二、昭和四十六再選)しても、沖縄返還を実現した佐藤自民党政権は〈黒い霧〉と呼ばれた汚職・腐敗事件もくぐり抜け、最長不倒記録を更新しつづけた。(略)四十三年には富山県神通川流域の「イタイイタイ病」損害賠償訴訟がはじまり、四日市ゼンソク公害、北九州市米ぬか油中毒、公害・食品公害が止まらない。サリドマイド薬禍(昭和三十七)から整腸剤キノホルムによるスモン病(昭和四十五)、クロマイ薬禍、ストマイによる後遺症、腎臓の特効薬といわれた

クロロキンの視力障害。薬害も止まるところを知らず。（略）これではアポロ十一号の月面着陸（昭和四十四）の興奮も、おりからのレジャーブームにのった六千四百二十万人入場の万国博〔一九七〇年（昭和四十五年）：引用者注〕の熱狂も、安心して浮かれていられない。実際この時代に生きてきた者の実感で言えば、自分の立っている大地にいつ亀裂が走って呑みこまれてもおかしくないという予感と、ひたすら経済成長が続いてゆく現実とにはさまれて、その日その日を生きてゆく感じだった」（鴨下信一『ユリ・ゲラーがやってきた――40年代の昭和』〔文春新書〕、文藝春秋、二〇〇九年、一二―一三ページ）

(61)『木島則夫モーニングショー』（NET、一九六四―六八年）は「アメリカのニュース・ショー『トゥデイ』（NBC、一九五二年―）を手本にしたものだが、主婦を対象にしたこと、週刊誌的内容を折り(ママ)こんだことなどが相まって人気番組の座を獲得した。当時忘れかけられていたナマ放送の魅力が、視聴者である主婦に直接語りかけるような臨場感を生んで、新鮮さをもって迎えられたこと、番組のなかで「涙の対面」をしばしば演出し、〝冷静であるべき〟司会者がもらい泣きする場面をしばしば写(ママ)し出して、主婦層の興味を引きつけたことが、この番組の成功の原因だといわれている」（隅井孝雄「ワイドショーはどこへ行く――「こんにちは奥さん」から「11PM」まで」、新日本出版社編「文化評論」一九七三年四月号、新日本出版社、一二八ページ）。

(62) 前掲『テレビ視聴の50年』三六ページ

(63) さらにテレビ欄をさかのぼってみると、一九六二年（昭和三十七年）の一時期、易・占いブームを反映した番組が集中的に放送されていたことがわかる。一月二十日『婦人ニュース』（日本テレビ）の「易学教えます」、一月二十四日『春夏秋冬』（日本テレビ）の「易入門」、三月十一日『インスタント記者』（TBS）の「占いブームを占う」、四月二十三日『婦人ジャーナル』（NET）の「大安吉日（お母さんの迷信）」などである。なお、日本テレビ放送の『春夏秋冬』は、徳川夢声が長年レギュラー出演したトーク番組である。『春夏秋冬』では、六二年九月十九日に「霊魂のふるさと（恐山の巫女）」、六一年八月二日に「霊魂珍学説」のタイトルも見られる。

(64) なお、「亡霊ここに集まる」は、番組表枠内に次の解説が記されている。「二十日から二十四日まで青森県恐山の大祭は大変な人出。イタコを霊媒に亡霊が死後の消息を語る」（「朝日新聞」一九六八年七月三十日付夕刊）

(65) 前掲「霊の独断をつく」一八八ページ

第1章 オカルト番組のはじまり

——一九六八年の「心霊手術」放送

ワイドショーの登場によって週刊誌的内容がテレビに持ち込まれるようになるが、「放送基準」は「迷信は肯定的に取り扱わない」と定めている。「霊媒」「霊魂を呼ぶ」としても、この基準が適用されるはずだが、一九六八年（昭和四十三年）には心霊手術（メスを使わず素手で患部から病巣を摘出するという心霊術の一種）を肯定的に取り扱ったバラエティー番組が放送されていた。「放送基準」に「迷信は肯定的に取り扱わない」と定めながら、どうして心霊手術はバラエティー番組の出し物になりえたのだろうか。なぜ、心霊手術を肯定する番組が放送されたのだろうか——。

1――「放送基準」の〈迷信〉と〈オカルト〉

▼〈迷信〉の取り扱い

民放連は、一九五八年(昭和三十三年)の「テレビ放送基準」制定以来、「放送基準」に「迷信は肯定的に取り扱わない」ことを定めている。[1]その文言は今日に至るまで多少変化するも、一貫して「迷信」は「肯定的に取り扱わない」としてきた。

では、「放送基準」にいう〈迷信〉とは何であり、「肯定的に取り扱わない」とはどのようなことなのか。一九六六年(昭和四十一年)発行の『民放連放送基準解説書 一九六六年版』には、以下の記述がある。

現代人の良識から見て非科学的な迷信や、これに類する人相、手相、骨相、運命・運勢鑑定等を取り上げる場合は、これを肯定的に取り扱わない。ただし、伝説を取り上げるのはさしつかえないが、その場合、誤解のないように注意する。[2]

素直に読むならば、「人相、手相、骨相、運命・運勢鑑定等」いわゆる占いは、否定する意図でなければ、番組で取り上げることはできそうもない。しかし、一九六〇年代末のワイドショーでは

「占いコーナー」が盛んに企画され、放送されていた。以下は、一九六八年（昭和四十三年）十二月十六日付「朝日新聞」のテレビ欄の囲み記事（全文）である。

民放テレビ四局のワイドショーはただ今、〝占い〟の花盛り。ワイドショーの「占いコーナー」はレギュラーと準レギュラーで週に十数本。毎日どこかの局のワイドショーで運勢判断をやっている。

種類も手相、口相、顔相、姓名判断、改名相談、マージャン、ソロバン、毛筆占い、におい占い、星占い、ジプシー占い、グラフ占星術、生れる赤ちゃんの性別占い、生れ月のラッキーカラーと多様。また「運勢を強くする法」（NET、長谷川肇モーニングショー、月）もあるから、いたれりつくせりの占いサービスである。

が、このような占いブームには、迷信を助長するという非難もあるので、「科学的、合理的なもの」（日本テレビ、NET広報）を選んだり、「おみくじも近代的な内容」（ニッポン放送広報）に変えるなど、局側も気を使っている。

主な占いコーナーは、日本テレビ「お昼のワイドショー」（昼0・30）の「人間テスト」（木）と「姓名判断」（水）。TBSテレビ「ヤング720」（朝7・30（ママ））の「きょうの星占い」（月―土）、同じ「おんなのテレビ」（昼0・00）の「あなたの性格診断」（火）。フジ「小川宏ショー」（朝9・00）の「改名相談」（水）。NET「アフタヌーンショー」（昼0・00）の「顔の運勢判断」（月）。ニッポン放送「ワゴンでデート」（月―土、夜7・15）の「オラクルのコーナー」などである。[3]

「迷信を助長するという非難もある」なか、局側が気を使ったのは、取り上げる占いを「科学的、合理的なもの」「近代的な内容」とすることだった。しかし、科学的・合理的・近代的としても、占いであるからには「肯定的に取り扱わない」と定めた「放送基準」に反するのではないか。とはいえ、占いコーナーは「放送基準」に反する、と非難したいわけではない。ここでの問題は、「迷信は肯定的に取り扱わない」としながら占いコーナーの放送を可能にした「放送基準」の解釈と〈迷信〉に関する認識がどのようなものだったかということである。

仮に、占いコーナーは「放送基準」に反しないと主張するとすれば、次のような反論がありうるかもしれない。

①占いコーナーの占いは「現代人の良識から見て非科学的な迷信」ではない／とは違う。

②占いを視聴者に信じ込ませるなど（積極的な）肯定はしていない。つまり「肯定的に取り扱わない」という「放送基準」に準じている。

詭弁のようだが、いずれにせよ「放送基準」が〈迷信〉の内容を具体的に規定し、それによって規制するものでない以上、放送で許容される〈迷信〉の内容や「肯定的」と解釈される範囲は、送り手（放送局・制作者）の判断と受け手（視聴者）の反応に応じて変化することになる。占いコーナーの事例からして、放送を差し控えるべき〈迷信〉か否かの判断基準は、非科学的か否かなどではないことは明らかである。

▼〈迷信〉とされる「新興宗教」

「テレビ放送基準」は当初、「信仰・修養などによって傷病がなおるというような迷信的内容は取り扱わない」ことを定めていた。この文言は一九六三年（昭和三十八年）の改正で削除されるが、その内容は「信教の自由、各宗派の立場を尊重する」という条文で保持される。前掲『民放連放送基準解説書 一九六六年版』には以下の記述もある。

〈宗教放送の取り扱い〉
宗教界には、現世利益を強調し、科学的には到底首肯しえないような奇跡や病気・負傷が信仰によって治ると、強く説く宗教がある。信仰の結果ストレスが解消してノイローゼが治ったというような例は、精神療法として容認できるが、医師も見離していた数年来の持病が一夜で全快したり、原爆のケロイドが消え去るというような非科学的な、あるいは科学を否定し、または超越する狂信・盲信に近い奇跡の事例の紹介は、さし控えるべきである。

【事例】
夫は腎臓炎から尿毒症を併発し、医者から再起不能の宣告を受けていたが、妻が某新興宗教を信仰し、夫への貞節が足りなかったという悟りを得たら、その数日後、夫の病は霧のように消え去った。（カット）[4]

日本の民間信仰は、現世利益を軸とした民衆の宗教思想と行動から成り立つが、個人の祈願行為では「病気治し(自分またはその家人)」が特に多かった。この個人祈願に応えてきたのは、加持祈禱の修法に長じた修験道の行者や巫女、密教を修めた僧侶であり、こうした民間信仰に基盤を置く新宗教も、第三次宗教ブーム以前は、入信動機として「病気治し」が圧倒的に多かった。[5]前記の事例の背景には、文明開化以後、〈迷信〉にすがって医薬・医療を遠ざける愚かさが強調されることで、「医療の妨害」〈迷信〉「淫祠邪教」が連鎖してきた歴史がある。

一八七四年(明治七年)、「禁厭祈禱をもって医薬などを差止め、政治の妨害となる所業をする者」の取り締まりが命じられると、以後、「禁厭祈禱」は限りなく〈迷信〉としておとしめられ、「医薬の差止め」つまり「医療の妨害」と直結されて、迷信深い「愚民」の所業として処置されるようになる。[6]十九世紀末から二十世紀初め(明治二十―三十年代)には、いわゆる病気治しによって教勢を拡大した蓮門教と天理教がジャーナリズムの脚光を浴び、弾圧を受けた。神水の授与による医療妨害、金銭の搾取、男女混交のお籠りによる風俗紊乱といった点が共通して新聞に報道され、「淫祠邪教」という侮蔑と魅惑を備えた猥雑さの徴が〈迷信〉のレッテルとして用いられるようになる。猥褻という性にまつわるスキャンダルもさることながら、「医療の妨害」という一線を引かれることによって、「淫祠邪教」また〈迷信〉の烙印が押されたのである。[7]

諸種の新宗教が乱立した戦後復興期にも、〈迷信〉は「追放せよ」としばしば論じられ、「怪しげな擬似宗教」を非難する文脈では、やはり「病気治し」による「医療の妨害」が語られた。[8]

しかし、先に引用した事例の範囲では、「医療の妨害」があったわけではない。夫は医師の診察を受けている。いわば逆順で、「科学的には到底首肯しえないような奇跡や病気・負傷が信仰によって治ると、強く説く宗教」が〈迷信〉とされ、〈迷信〉によって「医療の妨害」が生じることへの懸念・不安を理由にカットされたと考えられる。

では、「医療の妨害」を招く恐れが、放送を差し控えるべきか否かの判断基準になっているのだろうか。おそらく、そうではない。近年は、各局とも「医療の妨害」につながる可能性について慎重に対応しているが、かつてはそれほど配慮されていなかった[9]。実際、一九六八年（昭和四十三年）十一月十四日、『万国びっくりショー』（フジテレビ）は「特集・フィリピンの心霊手術」を放送した。放送後、視聴者から「医療の妨害」が生じる可能性があると非難されるも、心霊手術を取り上げる番組は、その後もたびたび放送されるのである。

先の事例はカットで、心霊手術は放送された。つまり、放送を差し控えるべき〈迷信〉とされたのは、「医療の妨害」となる可能性よりも、「某新興宗教」への信仰が狂信・盲信と判断／懸念されたためと考えられる。

▼〈迷信〉と〈オカルト〉

『日本国語大辞典 第二版』によれば、「迷信」とは、「①誤って信じること。誤信。②現代の科学的見地から見て不合理であると考えられる言伝えや対象物を信じて、時代の人心に有害になる信仰[10]」を意味し、文明開化以降に使用されるようになる。

文明開化に始まる近代化の波のなかに現れた〈迷信〉と感情教育について論じた川村邦光は、

「〈迷信〉は、マス・メディアによって暴きたてられることによってその姿を現わし、また文明開化と対照されることによってその輪郭をはっきりとさせてきた」と述べる。「なんら疑いもなく、自明のものとして営々として信じ行なわれている場合には、〈迷信〉が成立する余地はない[11]」

敗戦間もなく、文部省に置かれた迷信調査協議会でも活躍した宗教学者の岸本英夫は、「迷信の社会性」と題して、次のように論じていた。

一体迷信とは何であるか、迷信といえば一般に丙午（ひのえうま）であるとか、鬼門であるとか、難病治療の護符であるとかいう様な、世俗の信仰や慣習を想い浮べる。しかしよく反省して見ると迷信を正信から区別する客観的な絶対的基準というものは存在しないのである。このことを自覚している人は案外に少ない。（略）迷信を規定する絶対的な基準はないにもかかわらず、われわれの心の底には共通の性格を持った一群の現象を迷信として認めさせるものがある。この迷信を迷信と認めさせる根拠は何処にあるか。それは大きな意味での社会的常識に外ならない[12]。

そもそも、〈迷信〉を正信から区別する客観的な絶対的基準というものは存在しない。〈迷信〉と非難されるか否かは、社会の安寧や個人の生活に実害があると考えられるか否か、である。その〈迷信〉か否かの判断は、〈常識〉に依拠する。その〈常識〉の形成に、マスメディアは大きな影響力をもつ。

〈迷信〉は否定されるばかりでもない。以下は、一九四九年十二月十九日付「毎日新聞」の「社説」からの抜粋である。

迷信の中には、全く迷信という以外になんの価値もなく、国民生活に害毒を流しているものもある。しかしまた一方には、迷信だと思っていたことが意外な科学的根拠を持っていることもある。生活慣習の中に長年生きつづけて来たものの中にはそういう種類のものが、必ずしもすくなくはない。だから一がいにすべてを迷信として打破し去れないものがあるわけだ。生半可な知識で、すべてを迷信として追放してしまうことは、農山漁村などに残っている生活の味わいの深さをぶちこわすことにもなりかねない。といって現状のままでいいかとなると、そうはいかぬ。何が迷信で、何が迷信でないかの判定はなかなかむずかしい問題である。[13]

「何が迷信で、何が迷信でないかの判定」が「むずかしい問題」になるのは、「一がいにすべてを迷信として打破し去れないものがある」からである。〈迷信〉は、否定されるばかりでなく、「農山漁村などに残っている生活の味わいの深さ」（民間信仰）と結び付けられて、ノスタルジア（nostalgia）とともに肯定的に語られることも少なくない。[14]

また、ある種の〈迷信〉に対しては、一笑に付す、まともに批判するのは大人げないという反応もしばしば見られる。たとえば、高嶋米峰は次のように述べていた。

迷信もお座興程度で、みんなを笑いこけさせる位のものならば真剣になってお相手するのも大人気ないが、天変地異を予言して人心を惑乱するとあっては、社会の秩序を維持するという点からも放っては置けない。かの璽光尊とかいう女が、検束取調べられているというのは当然である。[15]

〈迷信〉に対して、「真剣になってお相手するのも大人気ない」という態度が、文明開化によって〈迷信〉が問題視されると同時に生じたことは、川村によってすでに指摘されている。

〈迷信〉を妄信し、行動する「愚民」は、開化 - 啓蒙されなければならない。当然、それは従来の慣習の改変、心身の新たな訓練 - 教育によらなければならない。主として、法令の公布・施行や出版、学校教育、軍隊教育を通じて行なわれたといえる。そこでは、〈迷信〉的な信仰・慣習が単純に抑圧・禁止されたわけではない。逆にクローズアップされ、その奇異さ、旧弊さが嘲笑されたのである。[16]

〈迷信〉を正信から区別する客観的な絶対的基準というものは存在しない。したがって、社会の安寧や個人の生活に実害があるか否かが問題となる。ある〈迷信〉に実害があるか否かは、「医療の妨害」に関わるものでなければ、概して社会／個人への影響力によって判断される。〈迷信〉の影響力とは、信じられる程度と換言可能である。

狂信的・盲信的な依存は〈迷信〉とされる。また、〈常識〉によって〈迷信〉と見なされることも「お座興程度」「笑いこけさせる位」ならば、「真剣になってお相手するのも大人気ない」という反応が引き起こされる。つまり、〈迷信〉を正信から区別する客観的な絶対的基準は存在しないが、主観的な相対的基準として信じられる程度／信じられ方が重視されるのである。

このように〈信じられ方〉を基準とする考え方によって、占いコーナーの占いは「科学的、合理的なもの」「近代的な内容」とすることで〈迷信〉のイメージを払拭し、「お座興程度」とすることで許容（放送）された、と捉えることができる。

2――一九六八年十一月十四日放送『万国びっくりショー』

▼「特集・フィリピンの心霊手術」

一九六八年十一月十四日に放送された『万国びっくりショー』（フジテレビ）の「特集・フィリピンの心霊手術」（以下、「心霊手術」と略記）は、今回の調査で確認できた範囲では、ゴールデンタイム（十九時―二十二時）のバラエティー番組枠で〈オカルト〉を取り上げた最初の番組である。

『万国びっくりショー』は、一九六七年十一月からフジテレビ系で毎週木曜十九時三十分―二十時に放送された人気番組である。世界の奇人変人や珍芸をもつ人たちが登場してステージで披露するという構成で、ナイフ投げや箱入り男、火吹きや怪力などさまざまな芸を見せていた。

通常、番組は三十分で三出演者を紹介した。たとえば、テレビ欄で一九六八年十月十日の放送内容を見ると、①ヨーロッパ一の魔術師、②指絵名人、③帽子の空中回転というラインアップである。しかし、一九六八年十一月十四日の放送は「特集・フィリピンの心霊手術」として、心霊手術だけで三十分が構成された。放送当日のテレビ欄（「朝日新聞」）には、以下の番組紹介が掲載されている。なお、傍点は引用者による。

驚異の心霊手術を紹介　☆万国びっくりショー

今回は「驚異の心霊手術家」として世界に比類のない超能力を持ったフィリピンのアントニオ・アグパワー氏をスタジオに招き、子宮キンシュ、盲腸などの手術の実際をフィルムで紹介する。メスも麻酔も使わず、指で腹を切開、患部をつまみ出し、さすっていると傷口がなくなってしまう。この間わずか二、三分。信じられないような場面だが、手術に実際に立ち会ってきた文学博士・本山博氏、自分で撮影した原ディレクターの話、スタジオに出席する大脇外科病院長などの談話でそれが裏づけられる。アントニオ氏はスタジオでその手の超能力の一端を披露する。[17]

番組出演者が心霊手術を〈ホンモノ〉と裏づける、それを番組内で否定しない構成で放送することは、今日ではありえない。一九六八年当時は、「医療の妨害」が生じる可能性に対する放送局の責任が必ずしも十分に意識されていなかったとはいえ、送り手（放送局・制作者）は心霊手術をどのようにして出し物／見せ物とし、エンターテインメント化しようとしたのか――以下、心霊手術に関する新聞・雑誌記事と本山博の著書を手がかりに、「心霊手術」が放送に至った経緯を検討する。

▼放送後の反響と心霊手術師逮捕への反応

放送後、一九六八年十一月十六日付「朝日新聞」テレビ欄、翌十七日付「読売新聞」テレビ欄それぞれの囲み記事で、「心霊手術」を視聴した記者の感想が掲載された。

「万国びっくりショー」には看板通りびっくりさせられた。ゲストはトニイの愛称で呼ばれるフィリピン人青年で、彼はメスも麻酔も使わず、指だけで、いろんな手術を完全にやってのける。その模様が、同局の原ディレクターが現地でとったフィルムで紹介された。手術室は教会の片すみ。つめかけた患者たちが手術台のまわりにうようよ。消毒もクソもあったものでない。トニイさんの両手が、子宮キンシュの老婦人の腹部をしばらくもむ。いつの間にか切開され、両手がはいってゆく。ごそごそやっているうちに、患部がきれいに切出される。出血は微量。痛みはなし。そして両手で切開部をさすると、完全にとじられ、傷あとが残らない。この間三分ぐらい。盲腸の手術にいたってはざっと二分。原ディレクターは職業柄臭いとにらんで、トニイさんの手術を二十ばかり見学したそうだが、タネも仕掛けも発見できなかったそうだ。司会の八木治郎がトニイさんの手をとり、見た。普通の手だが、その一本一本の指は鋭い刃物のように、丈夫な絆創膏をスパッスパッと切る。同席した大脇外科病院長によると、出血の少ないのはトニイさんの超能力が患者を一種の催眠状態におくので、血管が凝縮するからだろうという。テレビという公器にのった以上、斯界の十分な反応があって然るべきだ[18]。

「朝日新聞」の記者は、テレビが報じた心霊手術に率直な驚きを示している。「テレビという公器にのった以上、斯界の十分な反応があって然るべきだ」というのは、医学・医療に携わる者によって検討されるべきという意だろうか。

なるほど、あっという間に腹部を開き、子宮筋シュであろうと盲腸であろうとつまみ出してしまい、血もほとんど出さないし傷あとも残らない。不思議な手術なのだが、残念ながらこれは現地でのフィルムである。手術を施した当の青年はスタジオで質問に答えているのだが、やって見せるのは手刀でばんそうこうのテープを切るところだけ。この番組そのものが録画かも知れないが、本人がスタジオにいるとなると欲が出て、同時にその場で手術を見たいと思うのはごく自然の人情であろう[19]。

「読売新聞」の記者は、「不思議な手術なのだが、残念ながらこれは現地でのフィルムである」という。「現地でのフィルム」をブラウン管で見るのでは物足りなさを感じる、ということだろう。スタジオに本人がいるのに、絆創膏を切って見せるだけという演出に不満をいうのも、「その場で手術を見たいと思うのはごく自然の人情であろう」というのも、テレビというメディアに臨場感を期待する心性のあらわれと思われる。この期待感は、本来スタジオでの実演が番組の見せ場であることに通じる。

いずれにしても、放送後に二紙が取り上げるほど番組のインパクトは大きかった。そのため、番組の影響を懸念した投書があり、十一月二十日付「朝日新聞」「声」欄に、以下の二件が掲載された。一件は、都内に住む三十代の医師からの投書である。

心霊手術というインチキを、テレビ（十四日）であたかも真実のごとく放映するということは、世人を惑わす許しがたい行為である。確かに現代の科学で究明できない事象は数多くある。あるのが当然である。その一つに心霊現象があることも認める。百歩譲って、彼に心霊能力があり、ある種の疾患をなおす力があるとしても、放映された心霊手術はインチキである。（略）あのテレビを見ていたわれわれ医師は、一笑に付し、私が憤慨することすら、大人げないというが、これでは一般の人たちへの影響があまりにも大きく、非常な実害を伴う恐れがある。[20]

もう一件は、映画監督の木下惠介からで、先に引用した十一月十六日付の「朝日新聞」の記事に言及し、「びっくりさせられた、と出ていましたので、つい先日フィリピンに旅行したばかりの私が、マニラで聞いた話を参考までにお伝えします」と、次のように述べる。

ある日、ホテルのエレベーターで不思議な感じの人達と乗合わせました。観光旅行ではなさそうな日本人の老人男女でした。彼〔マニラ在住六年という日本人で木下の知人：引用者注〕に聞いてみると、沖縄の人たちでした。「バギオに変なやつがいましてね、指だけで手術してどんな病気もなおすというのですよ。一回の手術が五百ドル（十八万円）。痛くもないし傷もなんにもない、いまではアメリカからわざわざ来る人もあって、あの沖縄の人たちもそれなんです。ところがあれにはタネがありましてね、手の中に血の粉末をかくしておいて、それをもみながら水にといて流すんです。その血の中から豚か牛の臓物を出すもんだから、患者はびっくりして自分の悪いとこがとれたと思うんですね。インチキなんですが、病気って変なもので、それでなおったと思う人は本当になおっちゃう人もあるんだからびっくりです」テレビという公器にのった以上、沖縄の人たちのように、わざわざ出かける人があるかも知れないので、ちょっと書きました。[21]

「ちょっと書きました」という表現に、木下も先の投書の医師たちと同様、憤慨するのは「大人げない」と感じるところがあったと思われる。それでも「テレビという公器にのった以上」「わざわざ出かける人があるかも知れない」という懸念を抱いて、心霊手術のトリックを新聞に投じた。

心霊手術の詐術を確信する二人の投書が新聞に掲載された翌日、心霊手術師トニー逮捕の報が伝わる。一九六八年十一月二十一日付「朝日新聞」は「心霊手術師つかまる」の見出しで、次のように報じた。

指一本で腹を切開、患部をなでるだけで病気がなおる――さる十四日、フジテレビの「万国びっくりショー」に登場したフィリピンの心霊手術師、アントニオ・アグパオアが、インチキ手術の疑いで米国で逮捕されたことが、二十日明らかになった。

フジテレビは現地で取材、先月三十日アグパオアを招き録画したが、放送後反響は大きく、二十日付朝日新聞「声」欄でも手術に疑問をはさむ映画監督木下恵介氏らの投書が紹介されていた。[22]

トニー（アントニオ・アグパオア）の名はアメリカでも知られていて、ＡＰ電によれば、前年デトロイト在住の百十一人がフィリピンへ行き、心霊手術を受けた。治療費は七万二千ドル（約二千六百万円）。患者たちは前年十月に帰国したが、後になって治っていないことに気づき、トニーを告訴した。トニーは日本からフィリピンに帰り、その後サンフランシスコに行ったところで逮捕された。

記事の最後には、「フジテレビ広報部の話」として、以下のコメントが付記される。

万国びっくりショーは万国博の協賛も兼ね、「世界にはこんな人もいる。世界は広いものですね」ということをねらった番組だ。事実だけを紹介し、そのよし悪しは注釈をつけず、内容の判断は視聴者にまかせている。だから「こういう手術法もある」という事実を放映しただけで、それがインチキかどうかというのは別問題だ。[23]

フジテレビ広報部は、『万国びっくりショー』は「世界にはこんな人もいる。世界は広いものですね」ということをねらった番組だという。ここには、「世界にはこんな人もいる」という番組の枠組みで、世界（フィリピン）の話題（心霊手術）を取り上げた、という送り手（放送局・制作者）の論理が示されている。

「事実だけを紹介し、そのよし悪しは注釈をつけず、内容の判断は視聴者にまかせている」とは送り手（放送局）の認識（言い分）だが、番組は心霊手術に疑義を呈することなく、出演者の談話によって「それが裏づけられる」構成になっていた。送り手（放送局・制作者）は受け手（視聴者）への影響をどのように考えていたのか、資料が得られずわからない。しかし、放送されたという事実から、送り手（放送局・制作者）は「医療の妨害」につながる可能性を問題としてはいなかった、ということは明白である。

トニー逮捕後の放送局の対応（コメント）に対して、目立った批判は起こらなかった。当時の新聞・雑誌に関連記事を探してみても、放送局を糾弾する言説は見当たらない。「週刊新潮」一九六八年十二月十四日号に「『万国びっくりショー』で視聴者をアゼンとさせたかと思えば、一転、FBIに逮捕されてふたたび世間をアゼンとさせたかのトニー青年[24]」といった表現が見られるくらいである。

放送局が「それがインチキかどうかというのは別問題だ」とコメントしてはばからないような、

それに対して批判が起こらないような、今日とは異なるマスコミュニケーション状況だったとしても、なぜ、心霊手術をあたかも真実のごとく演出・構成したのだろうか。

▼本山博の制作協力

フィリピンでトニーの手術を取材し、スタジオにも出演した本山博は当時、宗教法人玉光神社の付属研究機関である宗教心理研究所の所長だった。本山は超心理学の創始者であるデューク大学のジョゼフ・B・ライン教授の薫陶を受けた超心理学者で、一九七二年に結成される国際宗教・超心理学会の会長となる人物である。玉光教会という宗教団体の教祖・本山キヌエを養母にもち、幼時から超常的宗教体験を積んだ超能力者といわれる[25]。

本山の著書『フィリピンの心霊手術』によれば、本山がフィリピンの心霊手術を知ったのは、ライン教授の紹介で知り合ったアメリカ人ベルクからだった。一九六六年一月、本山は、ベルクとシャーマンという二人のアメリカ人とともにフィリピンへ調査旅行に出かけた[26]。翌月、超能力を科学的に調査したいと願った本山の求めに応じてトニーが来日、宗教心理研究所で実験がおこなわれた。本山は「トニーが超常的能力をもっており、それが非物理的であり、時間空間に制約されず、物理的手段等を用いいず直接他の人の心身に大きい変化を生ぜしめることが判明した[27]」と超能力の存在を確信する。

同年五月、宗教心理研究所でプラット博士（ヴァージニア大学教授、当時）の公開講演会を開催し、このとき本山もフィリピンの心霊手術について講演と映写をおこなう。この聴衆のなかに新聞、雑誌・週刊誌の記者が入っていて、講演から一週間ほど後、女性週刊誌（「女性自身」一九六六年六月三十日号）で心霊手術がメディアに初めて取り上げられた。[28]

本山の著書によって「心霊手術」制作・放送に至る経緯を追うと、次のようである。

一九六七年十二月頃、本山の講演会に出席したことがあるという「或る会社の社長」から「友人のフジテレビの社長に話しましたら、一度是非見たいということなので、フジテレビの講堂で講演と映画をお願いできませんか」[29]と依頼された。本山はフジテレビに出向き、トニーの超能力に関する講演と心霊手術を撮影したフィルムを上映した。[30]このとき、『万国びっくりショー』のスタッフと初めて会い、「万国ビックリショー（ママ）へ種々の人々から投書がきて、今世間で話題になっている心霊手術を是非、万国ビックリショー（ママ）でとりあげて欲しいと言ってきているので、御協力願えないか」[31]と取材協力を依頼されたという。

一九六八年一月から心霊手術調査団の編成が進められ、「外科医一名、医学者一名、レントゲン技師一名、心霊研究家二名、超心理学、催眠研究の立場から私、計六名の研究者の他に、フジテレビから一～二名、雑誌記者一名の合計八～九名の調査団がほぼ出来た」[32]。しかし、取材依頼に対するトニーからの返事が得られなかった。このとき、デトロイトの患者やその家族がトニーを告訴したことをきっかけに[33]、「フィリピンの厚生省も心霊手術者達の動向を厳しく取り締まるようになった」ため、心霊手術師たちは取材に応じることができなかったのである。三月、心霊手術調査団は自然消滅する。[34]

「心霊手術」企画は頓挫したが、本山はアンドレア・プハリッチ（のちにユリ・ゲラーを超能力者として見いだす超心理学者）とフィリピンへ心霊手術調査に出かける計画を進めていた。九月十四日にプハリッチが来日し、十六日にマニラへ出発すると日取りが決まったところで、「一つは恩返しのつもりで、日本からの心霊手術調査団編成の時、パスポートやビザの手続き、航空券の購入手続きで骨を折ってくれた週刊女性の記者湯本君と、スポンサーになろうと申しでてくれたフジテレビへ、アメリカのベルク氏がスポンサーとなり、プハリッチ氏と二人でフィリピン心霊手術の調査にでかけるが、もし行く気があるのなら一緒にゆこうと誘ってみた」ところ、二人がこの誘いに応じた。しかし、プハリッチが直前で調査をキャンセルしたため、本山と湯本記者と原ディレクターの三人がフィリピンに渡ることになった。[35]

以上、本山の著書によれば、まず、制作者が心霊手術を番組で取り上げようとしたきっかけは視聴者からの要望（投書）だったことがわかる。視聴者が心霊手術について知りたがっているという認識は、制作者の思考に少なからぬ影響を与えたことだろう。取材者のモチベーションを支える理由になりうることは想像に難くない。

また、心霊手術調査団には、外科医や医学者、レントゲン技師が含まれていたことから、この段階の企画内容は、心霊手術なるものを検証する構成だったと考えられる。レントゲン技師に期待された役割は、心霊手術前後での変化の有無を検証することではなかったか。そうであるなら、実際に放送された「心霊手術」のように、スタジオの談話で「それが裏づけられる」構成にはならなかったのではないか。調査団を欠いた現地取材になったことで、当初の企画内容・構成を変更せざるをえなくなったものと推察される。

調査団が自然消滅した原因は、デトロイトの患者たちによる告訴とフィリピン厚生省の取り締まりだった。つまり、制作者はトニーの心霊手術がインチキであると訴えられていることを知っていた。それでも、ディレクターが本山の誘いに応じた、その判断にどのようなもくろみがあったのか、本山の著書ではわからない。

ただし、トニーへの出演交渉の場面について、次のように記されている。

原〔ディレクター：引用者注〕がトニーに、フジテレビの『万国ビックリショー（ママ）』に出てくれないか、日本では医師法の問題もあるし、テレビのスタジオで手術をしてもらう訳にもゆかないから、今日撮ったムービーを放映し、その時にテレビに出てくれるだけでいいのだがと言うと、トニーは、来月（十月）の二十六日から三十日の間にアメリカへ牧師の最後の免状をとりにゆくから、その途中で東京に寄ってテレビに出ようと約束してくれた。(36)

医師法では、医師ではないのに医師を名乗ったり紛らわしい名称を使ったりした場合、および無資格で医療行為をした場合、懲役もしくは罰金の罰則が定められている。制作者（ディレクター）には、日本で心霊手術をおこなえば医師法に抵触するという認識があったと同時に、海外（フィリピン）の映像であれば問題ないという判断があったと推察される。

▼女性週刊誌による心霊手術報道

「心霊手術」企画のきっかけは、視聴者からの要望だった。では、番組放送当時、心霊手術に関してどのような情報が流通していたのだろうか。当時の雑誌を見てみよう。

確認できた範囲では、「日本で初公開！心霊手術の奇跡にいどむ」（「女性自身」一九六六年六月三十日号）が心霊手術の初出である。記事は「これこそ現代の奇跡」「権威ある学者が、現地でたしかめたレポート」として、「宗教心理研究者の本山博博士」と「アメリカ人、ベルク医師（デューク大学教授）」がフィリピンでトニーの手術を実見したこと、また後日トニーが来日しておこなわれた実験の結果、本山がトニーの指先から「なにか精神的なエネルギー」[37]が出ていると考えるに至ったことを報じる。「このふしぎな手術のナゾは本山博士、ベルク医師にも、まだはっきりと解明できない」としながらも、「最近では、遠くアメリカやヨーロッパから、現代医学に見はされた（ママ）人たちが、手術を受けにきている」「インドネシアのスカルノ大統領も、目の手術を申し込んできたそうだ」[38]と伝え、心霊手術に疑義を挟む記述はない。

本山によれば、この記事が世に出てから「研究所の電話はひっきりなしに鳴って、心霊手術はどんなものか、手術を受けたいが紹介状を書いてくれないか、講演をしてくれないか、心霊手術は本当なのかインチキではないのか等々とワンサと電話がかかってきた」[39]という。そのなかで何人かが実際にフィリピンへ行き、心霊手術を受ける。

「女性自身」一九六七年六月五日号は、息子にフィリピンで心霊手術を受けさせた母親の手記を掲載する。[40]母親は、先の記事（同誌一九六六年六月三十日号）を読んで、すぐに決心したという。息子は網膜に欠陥があり、「名医や病院をつぎつぎと訪ね」たが、「いまの医学ではどうにも治療の方法がない」とサジを投げられ「盲目になるのも時間の問題」という状況で、トニーの手術に希望を抱いたという。手記は、次のように結ばれている。

〔手術が始まって：引用者注〕一時間ほどたったでしょうか。「終わりました、どうぞこちらへ」トニーの声に私はかけよりました。「お母さん、目がなおったよ！かすかにみえるよ！」「難手術でした。九五パーセント回復するには、あと三ヵ月はかかりますが」と、トニー。しかし、ともかく奇跡は行なわれたのです。私たち母子は、今、〝見える〟希望ある日々をすごしております。(41)

一九六七年に心霊手術を取り上げた記事は、前記を含め三件(42)確認できたが、いずれも「現代の奇跡」として心霊手術に疑義を狭まず報じる記事である。したがって、『万国びっくりショー』に心霊手術を取り上げてほしいと投書した人々は、「現代の奇跡」として話題の心霊手術に関心を寄せていたと考えられる。

心霊手術を取り上げる記事が変化するのは、ちょうど「心霊手術」企画が動きだした頃である。心霊手術に関する話題を牽引してきた「女性自身」が、一九六八年二月五日号で心霊手術のトリックを指摘する記事を掲載する。(43)以後、「女性自身」は心霊手術を取り上げなくなる。「女性自身」が心霊手術を記事にしてきた理由は、まさに「現代の奇跡」だったからであり、そのため、「奇跡」がトリックならば記事を続けられないという判断があったと推察される。

対して、同月発売の「週刊女性」一九六八年二月十七日号は、六八年一月下旬に来日したトニーへのインタビューを掲載する。[44]記事に署名はないが、「心霊手術」の調査団編成時に関与していた湯本記者によるものと推察される。「女性自身」のスタンスと異なり、心霊手術を積極的に肯定する姿勢が貫かれている。記者が「フィリピンでは最近、にせの心霊手術があらわれて非難を浴びているようですが…」と質問すると、トニーは「インチキもいますね[45]」と応じる。さらに、自分は神の力を伝えるパイプにすぎないから、神が許さなければ自分に治すことはできないのだと語る。記者は「トニーにも手術が不可能なものがあるように、簡単に心霊手術を云々することは避けねばなるまい。心霊手術は、簡単な現象ではなく、さまざまな要素、例えば、霊能力だけでなく指圧技術、催眠術、患者の業などが重なり合って実現されるのではないかという見方もあるくらいだ[46]」と述べ、（ホンモノの）心霊手術は、施術者の能力だけでなく「患者の業」など被術者の事情も関与するという見方を示す。

トリックを報じた「女性自身」以降、一九六八年には前記を含め七件の記事を確認できたが、うち三件[47]は同一人物（ミセス・シニガと娘セルマの心霊手術を受けた青年）による手記である。あとの三件[48]は、本山らとともにフィリピンへ行った湯本記者によるシリーズ企画「驚異のドキュメント見えないメスを使う男J・ブランシェ」である。本山・原・湯本の三人は、トニーの取材のほか、トニーとは異なる心霊手術（患部に触れずに皮膚に切り傷をつける）をおこなうブランシェも取材していた。三回シリーズで構成された記事の最後は、次のように締めくくられる。

ブランシェは今月下旬来日することが同行したH氏との交渉でまとまり、フジテレビの『万国びっくりショー』(毎週木曜七時三十分放映)の番組に登場することが内定している。またもうひとりのトニー(アントニオ・アグパオア)も十月下旬に同番組に登場する予定になっている。今だ(ママ)に信じられない人は、ブラウン管からもこの現代の奇跡をご覧いただきたい。(49)

3――なぜ、あたかも真実のごとく放送されたのか

▼超能力が裏づけられた理由

先に引用した「フジテレビ広報部の話」に依拠すれば、送り手(放送局)の企画意図としては、「「世界にはこんな人もいる。世界は広いものですね」ということをねらった番組」の枠組みで、「それがインチキかどうかというのは別問題」として、「こういう手術法もある」というスタンスで心霊手術を紹介した、ということである。しかし、放送された番組は、「それがインチキかどうかというのは別問題」とは言い難い、出演者の談話によってトニーの超能力が裏づけられる構成になっていた。なぜ、放送局は「女性自身」のように心霊手術を取り上げることを止めず、積極的に肯定することにしたのだろうか。

要因に、番組の構成が考えられる。『万国びっくりショー』は、世界の奇人変人や珍芸をもつ人たちがスタジオに登場し、ステージで披露する構成だった。視聴者にとって、スタジオでの実演は

擬似的に「間近に見ること」であり、（ブラウン管を介して）実見するという意味づけがなされている。そのため、先の「読売新聞」の記者のように、スタジオで心霊手術が実演されないことに不満がもたれるのである。

心霊手術をスタジオで披露すれば医師法に抵触することから、実演はできない。トニーは絆創膏を切って見せるが、ＶＴＲで紹介した心霊手術の実演を代替するパフォーマンスとしてはインパクトにも説得力にも欠ける。そこで求められたのが、実際に心霊手術を間近に見たディレクターの「タネも仕掛けも発見できなかった」というコメントであり、このコメントを支持・強化するため「スタジオに出席する大脇外科病院長などの談話でそれが裏づけられる」。もし、原ディレクターが半信半疑であると言ったならば、スタジオでの実演がないことに視聴者はますます不満を抱くだろうと予想されるのである。

「心霊手術」放送後、受け手（視聴者）からは、一笑に付すという反応ばかりでなく、「テレビという公器にのった以上、斯界の十分な反応があって然るべきだ」という反応も示された。そのため、心霊手術があたかも真実のごとく放送されたことに対する非難・懸念が生じたのだった。

『万国びっくりショー』は、トニーの後にブランシェの出演を予定していた。しかし、予定どおりにブランシェが出演することはなかった。ブランシェの出演が見送られた理由が、放送局の判断によるものかブランシェの都合によるものか、今回の調査範囲では確認できなかったが、放送後の反響・批判の影響があったことは想像に難くない。

▼フィクショナルな〈海外〉

『万国びっくりショー』のブランシェ出演は見送られたが、しばらくすると、心霊手術を取り上げる別の番組が放送される。以下は、一九七〇年十月から始まる『ショック!!』（日本テレビ、二十二時二十五分―二十二時五十五分）の「海外シリーズ」に先立ち、「読売新聞」に掲載された番組紹介の抜粋である。なお、傍点は引用者による。

「ショック!!海外版 十月五日から――大蛇狩りや心霊術など スリル満点の離れわざや神秘的な荒行で話題をまいた日本テレビ系の『ショック!!』の〝海外シリーズ〟が十月五日（月曜午後10・25）から始まる。司会の川口浩はじめスタッフが、この一月から三月にかけて中南米、五月から八月にアフリカへとのべ七か月のロケを行ない、各地の秘境をたずねて、ショッキングな風俗をカメラに収めてきた。世に初めて紹介される奇習もあり、いずれも生々しさ十分の記録だ。（略）放送する中からおもなものを拾ってみよう。

（略）

○心霊術師アリゴー（ブラジル）＝アリゴー師はこの道では世界に名の知れた人物という。彼にはドイツ人フリッツ、フランス人ピエル、日本人高橋と三人の医師の霊がついているといわれ、内科的な医療から開腹手術までやり、患者は月三千人も来る。取材班が訪れたときは目の手術を見せた。患者に麻酔もかけずくだものナイフをいきなり患者の目の中に突き入れて眼球をとり出す。スタッフの一人が右耳わきに大きな脂肪のかたまりがあるのを見て、それを手だけでとり出してみせた。科学で解明できないが、とにかくその実態が見ものという。（略）このほかに、少年の頭をそってニワトリやヒツジの生き血をかけるブラジルの密教カンドンブレーの入信式、メキシコのクワダルーペ寺院の教徒が石だたみを百数十メートルも血を出しながらヒザでいざってお参りする奇習、熱気のすさまじいモロッコの砂ばくのなかで開かれる原始マーケットに店を出す大道芸人たち、たった三分間で直径約一メートルもの大木を切り倒すスペインのキコリのチャンピオンなどバラエティーに富んでいる。[50]

「スリル満点の離れわざや神秘的な荒行で話題をまいた」番組は、ブラジルの心霊手術を「科学で解明できないが、とにかくその実態が見もの」として放送した。テレビは一九七〇年代に至って、超自然的・非科学的な事柄について、真偽はともかくとして、とにかく〈見もの〉として提示すること、すなわち、〈オカルト〉を〈見もの〉とするメディア・フレームを形成したと観察される。

　翻って、『万国びっくりショー』の「心霊手術」も、「フジテレビ広報部の話」によれば、「それがインチキかどうかというのは別問題」（真偽はともかく）として、「こういう手術法もある」（とにかく〈見もの〉）と放送したわけだが、視聴者の反応は〈オカルト〉を〈見もの〉とするメディア・フレームを了解していたとは言い難い状況だったといえる。

　それでも「心霊手術」が放送に至った要因には、バラエティー番組の〈見せ物〉的要素に加え、海外の話題であることの気安さのようなものがあったのではないか、と推察する。当時、日常生活から遠く離れた〈海外〉の情景はフィクショナルであり、来日する外国人もまたフィクショナルな存在だった。

鴨下信一は、自身の記憶と竹中労の著書『呼び屋――その生態と興亡』(「フロンティア・ブックス」、弘文堂、一九六六年)を引用しながら、次のように述べている。

このまことに面白い本によると、日本の呼び屋が外国から日本に呼んだ第一号はケニー・ダンカンだとある。この名前はよく覚えている。日本中で、想像もつかないほど有名だった。しかも、インチキだった。やって来たのは昭和二十六年の六月で、九月になると調印される講和条約の内容が論議されている最中であり、罷免されたマッカーサーの離日(四月)と入れかわりといっていい。ハリウッドのスター、西部劇のヒーロー、荒馬を乗りこなし、二挺拳銃をあやつり、投げ上げたコインの真ん中を撃ち抜く、もちろん投げ縄は大名人、というのが宣伝文句。竹中はこう筆を揮う。「ミスター・ケニー、どうぞ、馬へ」「ネバー・ハップン、ミーは馬には乗らない」これでお目見えのパレードはオープン・カーに変更。沿道はひしめく野次馬、やっと拝み倒していちばんおとなしそうな馬に乗ってもらう。さっそうと馬上から手を振る〝拳銃王〟。その妙技をぜひ新設の〝警察予備隊〟に披露してほしい、警視総監以下多数の警官が見守るなか、すこしも当らない。ダンカンにっこり笑って「コンディションがノー・グーである。又の機会に実力をお目にかける」。それでも日本人は「なるほど、コンディションが悪かったのか」と納得した。(51)

一九六四年（昭和三十九年）に観光目的の渡航が自由化されたが、海外旅行の普及に拍車がかかるのは七〇年のジャンボ機登場からである。〈海外〉は遠い世界であって、遠い世界からやってくる外国人タレントはホンモノでもインチキでも、人々の好奇の目によってフィクショナルな〈見せ物〉になる。〈見せ物〉であれば、憤慨するのは大人げない。

真偽はともかく〈見もの〉として提示することを可能にするメディア・フレーム形成のキーとなるのは、超自然的・非科学的な事柄を真に受けず、真偽をとやかく言わず、とにかく〈見もの〉として受け止める視聴者（像）である。この視聴者（像）によってテレビ（放送局・制作者）は、〈見もの〉であれば許容される（放送できる）マスコミュニケーションを前提とすることができるようになり、その真偽の判断から解放される。

「心霊手術」が放送された一九六〇年代末では、超自然的・非科学的な〈オカルト〉に対して、真偽をとやかく言わず、とにかく〈見もの〉として受け止める視聴者（像）はいまだ不安定であり、〈海外〉のフィクショナルな〈見せ物〉であることがエンターテインメント性を支えたと推察されたが、七〇年代に入ると、〈オカルト〉はとにかく〈見もの〉として放送頻度を飛躍的に増していく。

なお、『万国びっくりショー』は、一九七一年（昭和四十六年）四月五日「現代の謎・心霊手術Drブランシェ」を放送した。[52]

注

（1）一九五九年（昭和三十四年）三月、放送法改正によって「放送番組の編集の基準（以下「番組基準」という。）を定め、これに従って放送番組の編集をしなければならない」と定められた。このとき、NHKは「日本放送協会放送準則」（一九四九年〔昭和二十四年〕十二月制定）を改め、「国内番組基準」「国際番組基準」を制定した。民放連は「日本民間放送連盟放送基準」（一九五一年〔昭和二十六年〕十月制定）を五八年に「テレビ放送基準」「ラジオ放送基準」とし、さらに放送法改正に際して一部改訂した。なお、「テレビ放送基準」と「ラジオ放送基準」は、七〇年（昭和四十五年）の「放送基準」改正で一本化される。

（2）日本民間放送連盟『民放連放送基準解説書 一九六六年版』日本民間放送連盟、一九六六年、二三ページ

（3）「朝日新聞」一九六八年十二月十六日付朝刊

（4）前掲『民放連放送基準解説書 一九六六年版』一七ページ

（5）幕末から明治維新を第一次宗教ブーム、第二次世界大戦後を第二次宗教ブームとする見方で、第三次宗教ブームとはおおむね一九七〇年代後半から八〇年代の「新新宗教」を指す。なお「新新宗教」という用語は、新しいタイプの新宗教が登場したとの認識から、西山茂によって作られた。

（6）一八八〇年（明治十三年）に刑法（＝旧刑法）が公布され（施行は一八八二年）、「禁厭祈禱」は刑事事件の対象となり、明確な罰則が設けられる。さらに一九〇八年（明治四十一年）新刑法（＝現行刑法）の成立とともに、警察犯処罰令によって〈迷信〉は規定されることになる。この第二条では、「十六　人を誑惑せしむべき流言浮説、または虚報を為したる者／十七　妄りに吉凶禍福を説きまた

は祈禱、符呪等を為し、若しくは守札類を授与して人を惑わしたる者／十八　病者に対し禁厭、祈禱、符呪等を為し、また神符、神水等を与え、医療を妨げたる者」に対して、罰則が規定されている（川村邦光『幻視する近代空間――迷信・病気・座敷牢、あるいは歴史の記憶』〔「復刊選書」第八巻〕、青弓社、二〇〇六年、三九ページ）。

（7）同書三八―四〇ページ

（8）たとえば、「報知新聞」一九四九年十一月六日付の社説「邪教と迷信を排せ」は次のように書き出され、結ばれる。

「邪教や迷信のはやる社会はつまらない非文明社会である。最近邪教にこり固まったあげく、気が狂ったり、一家心中をとげたという話が新聞紙上をにぎわした。（略）いかがわしい呪文や祈禱で人間の病態を治して見せると称し、無知と弱点につけこんで人間の生血を吸うこれら邪教がはびこることは、社会の欠陥からだとすましておれない。これらの邪教の犠牲になった人間が、たとい新聞紙上に表われなくても、どんなに多くあるか容易に想像できるのである。社会の病態を治すことはもちろん根本問題であるが、信者の迷蒙を覚ます科学的精神の復興、社会教育の普及と並んで国民に合理的判断力を培う素地を作らなければならない。そして怪しげな擬似宗教や迷信を一掃することである」

（9）今日、民放各局は「医療の妨害」につながる話題・企画には慎重な対応をしている。とりわけ慎重さを増す契機になった事件の一つに、放送局の責任が問われた「宇宙パワー商法事件（邵錦事件）」がある。宇宙パワーを有すると自称する中国人女性・邵錦が、日本テレビの番組や出版物を通じて宇宙パワーによって難病を治療すると喧伝し、番組や出版物を見て来訪した難病患者らに高額の対価を要求した行為は詐欺にあたるとして、日本テレビの被害者らに対する損害賠償が認められた（判決日付：一九九七年五月二十七日）。

(10) 日本国語大辞典第二版編集委員会／小学館国語辞典編集部編『日本国語大辞典 第二版』第十二巻、小学館、二〇〇二年、一〇八七ページ。①②いずれも同書が記載する用例は明治以後である。

(11) 前掲『幻視する近代空間』四一ページ

(12) 岸本英夫「迷信の社会性」「時事新報」一九四八年七月七日付

(13) 「社説」「毎日新聞」一九四九年十二月十九日付

(14) 民間信仰に対するこのような眼差しもまた、〈迷信〉とともに文明開化から現れたものである。井上円了（一八五八―一九一九）は妖怪の言い伝えのもとになっている迷信を否定しようとしたが、柳田国男（一八七五―一九六二）にとっては妖怪が迷信か否かは問題ではなかった。柳田の全集をひもとくと、ときおり円了を揶揄したような言葉が出てくる。一九〇五年（明治三十八年）の「幽冥談」には、次のようにある。「僕は井上円了さんなどに対しては徹頭徹尾反対の意を表せざるをえないのである。この頃妖怪学の講義などというものがあるが、妖怪の説明などは井上円了さんに始まったのではない。徳川時代の学僧などに生意気な奴があって『怪異弁談』とか『弁妄』とかいうような物を作って、妖怪というものは吾々の心の迷いから生ずるものであって決して不思議に思って怖るべきものでないと言っている。（略）また物理学に依って説明しているものもあるが、その物理学は今見るともともとより一笑に値するのでその愚な事が分る。井上円了さんなどはいろいろの理屈をつけているけれども、それはおそらく未来に改良さるべき学説であって、一方の不可思議説は百年二百年の後までも残るものであろうと思う」（菊地章太『妖怪学の祖井上圓了』〔角川選書〕、角川学芸出版、二〇一三年、一〇〇ページ）

(15) 「論壇」「東京タイムズ」一九四七年一月二十七日付

(16) 前掲『幻視する近代空間』三七ページ

(17)「朝日新聞」一九六八年十一月十四日付朝刊
(18)「朝日新聞」一九六八年十一月十六日付朝刊
(19)「読売新聞」一九六八年十一月十七日付朝刊
(20)「朝日新聞」一九六八年十一月二十日付朝刊
(21) 同記事
(22)「朝日新聞」一九六八年十一月二十一日付朝刊
(23) 同記事
(24) 新潮社編「週刊新潮」一九六八年十二月十四日号、新潮社、四〇ページ
(25) 井上順孝／孝本貢／対馬路人／中牧弘允／西山茂編『新宗教事典』弘文堂、一九九〇年、一五七ページ
(26) 光文社編「女性自身」一九六六年六月三十日号、光文社、五四ページ
(27) 本山博『フィリピンの心霊手術』宗教心理学研究所出版部、一九七七年、五六ページ
(28) 同書六〇―六一ページ
(29) 同書八〇ページ
(30) 一九六七年に菊花会を復興した小田秀人は、女性週刊誌の記事によってトニーを知る。強い関心を抱いた小田は「とりあえず、六月八日本山博士を招いて、心霊手術に関する映画と講演の夕」を開催したという。小田の著書『超心霊学入門――四次元世界への招待』(〔イケダ3Lブックス〕、池田書店、一九七三年）一〇四ページには「その後友人の紹介で、本山氏をフジテレビに伴って試写会を開いたのが元で、翌四十三年十一月には同テレビの『ビックリショウ（ママ）』で、直接トニーを登場させて、それこそ文字通り、世の中をビックリさせ、物議をかもしたりもしました」という記述があ

る。本山がいう「或る会社の社長」と小田がいう「友人」が同一人物であるか否かは定かでないが、フジテレビでおこなわれた上映会／試写会には小田も同席していた。

(31) 前掲『フィリピンの心霊手術』八一ページ

(32) 同書八二ページ

(33) 一九六六年一月のフィリピン心霊手術調査後、シャーマンはアメリカ各地を回って心霊手術の講演・映写会を開いた。アメリカではすでに、本山たちよりも先にフィリピンで心霊手術を調査したデッカ、スワプらによって心霊手術についての講演会や映写会がおこなわれていたが、そこへフィリピンから帰ってすぐにシャーマンが加わり、講演会や映写会のほかテレビ、ラジオでも放送したため多大な影響があったという。また、デッカがカイロプラクティク（脊髄反射療法）の施術者だったため、カイロプラクティクをおこなう者に自分の患者を数十人連れてフィリピンまで心霊手術を受けにいく人も出てきていた。トニー逮捕の原因になったデトロイトの患者一行を先導したのは、シャーマンである（同書六六、八二ページ）。

(34) 同書八二―八四ページ

(35) 同書八六―八七ページ

(36) 同書一九四ページ

(37)「日本で初公開！心霊手術の奇跡にいどむ」、前掲「女性自身」一九六六年六月三十日号、五四―五七ページ

(38) 同記事五七ページ

(39) 前掲『フィリピンの心霊手術』六一―六二ページ

(40) 記事は、ほかにアメリカ人女性スーザンの手記を掲載し、次のように締めくくられる。

「この二つの信じられない手術のナゾは、本山博士、〔スーザンら一行に同行したアメリカ人の…引用者注〕バーネット医師たちにも、まだはっきりと解明できません。〔略〕そのナゾを解くためにも、まだまだ、科学的実験や測定の結果を待たなければなりません。しかし、トニーの評判は日ましに高まっているようです。フィリピン政府も、トニーに経済的援助を与えているといわれ、最近では、アメリカ、ヨーロッパから、現代医学に見はなされた人たちが、つぎつぎとトニーの手術を受けにきています。日本からも数人の人がトニーをおとずれ、よい結果を得て帰国しました。トニーの心霊手術のナゾが明らかにされるとき、それは現代医学の常識がくつがえされるときかもしれません――」

(41)光文社編「女性自身」一九六七年六月五日号、光文社、四〇ページ

(42)「特別取材　これが心霊手術だ!」「週刊女性」一九六七年一月一日号、主婦と生活社、「特別レポート私たちは心霊手術で死からまぬがれた!」、前掲「女性自身」一九六七年六月五日号、「心霊手術を体験!」、光文社編「女性自身」一九六七年九月三十日号、光文社

(43)トリックを暴くのは、ミセス・シニガという心霊手術師の手術を受ける女性に同行して手術の一部始終を八ミリカメラに収め、そのフィルムを慎重に検討した男性（商社マンの小野田さん）である。心霊手術の手順を①―⑧の番号を付して示し、その手順を踏まえてトリックが解説される。解説に続いて、次の記述がある。「時間も三十秒で終わるのが奇跡ではなくて、長く時間がかかると、かえってトリックを見やぶられるので、はやく終るのだという。もし小野田さんの観察が正しいとしたら、〝心霊手術の奇跡〟はたいへんなインチキといわなければならないのだが…」。なお、記事は「〝現代の奇跡〟――心霊手術がそうした超能力によるものか、それともトリックによる単なる精神療法なのか、そのナゾの解明には、まだ時間を待たなければならないようである」と結ばれる（光文社編「女性自身」一九六八年二月五日号、光文社、一一五―一一七ページ）。

(44)「目的はプエルトリコに講演に出かける途中たちよったもの」「週刊女性」一九六八年二月十七日号、主婦と生活社、六〇―六二ページ
(45)同記事六二ページ
(46)同記事六二ページ
(47)「指だけで心霊手術をするフィリピンの魔女、治療をうけた日本青年の写真を独占公開」、講談社編「ヤングレディ」一九六八年六月十七日号、講談社、「異常体験特集 私はほんとうに心霊手術をうけた!」「週刊女性」一九六八年六月二十二日号、主婦と生活社、「素手で腹をたちわる心霊手術の驚異――フィリピンで麻酔もメスもつかわずに開腹手術」「勝利」一九六八年十月号、勝利出版
(48)「驚異のドキュメント 見えないメスを使う男J・ブランシェ、やはり本当にあった心霊手術」「週刊女性」一九六八年十月十九日号、主婦と生活社、「驚異のドキュメント 見えないメスを使う男J・ブランシェ、指でいきなり眼球をとり出す!!」「週刊女性」一九六八年十月二十六日号、主婦と生活社、「驚異のドキュメント 見えないメスを使う男J・ブランシェ、頭蓋骨を取りはずされた少年」「週刊女性」一九六八年十一月二日号、主婦と生活社
(49)前掲「驚異のドキュメント 見えないメスを使う男J・ブランシェ、頭蓋骨を取りはずされた少年」一三七ページ
(50)「読売新聞」一九七〇年九月三日付朝刊
(51)鴨下信一『誰も「戦後」を覚えていない――昭和20年代後半篇』(文春新書)、文藝春秋、二〇〇六年、一七四―一七五ページ
(52)本山博「序文」、前掲『フィリピンの心霊手術』、「朝日新聞」一九七一年四月五日付朝刊。放送は二十時―二十時三十分、月曜日。

第2章　オカルト番組の成立
——一九七四年の超能力ブーム

超自然的・非科学的な〈オカルト〉を真に受けず、真偽をとやかく言わず、とにかく〈見もの〉として受け止める視聴者（像）によって、真偽はともかく〈見もの〉として提示することを可能にするメディア・フレームが形成される一九七〇年代。テレビ（放送局・制作者）は、その真偽の判断から解放されることになる。

とはいえ、このメディア・フレームのキーとなる視聴者（像）は、あくまでマスコミュニケーションでのイメージ（像）であって、実際の視聴者の反応は常に別にある。事実、一九七四年には、超能力（スプーン曲げ）を〈見もの〉とするためにテレビがインチキを放送することに対する批判・非難があった。しかし、オカルト番組は成立する。

本章では、一九七四年の超能力・オカルトをめぐるメディア言説を検討し、オカルト番組を成立させたマスコミュニケーションを照射することによって、その基盤にある論理を捉えたい。前章で検討したように、「迷信は肯定的に取り扱わない」とする「放送基準」は、〈信じられ方〉を基準とする考え方によって、〈迷信〉のイメージを払拭し、「お座興程度」とすることで乗り越えられていた。〈オカルト〉を出し物とすることもまた「お座興程度」とすることで許容（放送）されたと考えられるが、七四年を経て、新たに「催眠術、心霊術などを取り扱う場合は、児童および青少年に安易な模倣をさせないよう特に注意する」と定められる。なぜオカルト番組は成立するに至ったのか――その論理、あるいは条件がどのようなものだったか、その核心を捉えたい。

1――増える〈オカルト〉

超自然的・非科学的な〈オカルト〉を、真偽はともかく〈見もの〉として提示する傾向は、とりわけワイドショーで進展したと観察される。一九七〇年九月二十一日放送の『11PM』（日本テレビ）の「『続・怪奇実験室！』（私は念力で写真をとる！人間冷凍実験、電気霊感テスト）」では、オーラ色彩測定器の公開実験がおこなわれた。[1] 翌七一年九月七日『11PM』で「ピンチ日本霊感人間が占う」、七二年四月六日『小川宏ショー』（フジテレビ）で「霊能者をテストする」、七月二十七日『小川宏ショー』で「特集・信じますか？わたしは幽霊を見た」、八月一日『11PM』で「幽界探検」、八月十七日『小川宏ショー』で「世にも不思議な話」など、テレビ欄を追ってみると、七〇年代に入ってワイドショーに「怪奇」「霊感」「霊能」「幽霊」といった言葉が増えてくる。

一九七三年には、四月二十六日『桂小金治アフタヌーンショー』（NET）に橋本健が出演して4Dメーターなる発明品を披露し、いわゆるバクスター効果（植物は人間の考えを感じることができるという説）の実験をおこなう。[2] 五月二十九日『火曜スペシャル』（日本テレビ）で「現代の怪奇・ついに出たネス湖の怪獣・幽霊屋敷・吸血鬼ドラキュラ」、七月六日『13時ショー』（NET）で「怪奇！恐怖の死美人屋敷」、七月十四日『八木治郎ショー』（NET）で「私は見た！幽霊は本当にいる」、七月二十三日『小川宏ショー』で「現代ミステリー奇形列島日本」、同日『11PM』で「空飛ぶ円盤・女・怪奇実験室！」、八月八日『お昼のワイドショー』（日本テレビ）で「あなたの知らない世界」（同年九月二十八日、十一月三十日にも放送）、同日『小川宏ショー』で「特集現代ミステリー探検　幽霊や霊魂は存在するか？」、八月九日『11PM』で「大蛇ツチノコ屁のカッパ」、十月二十六日『金曜スペシャル』（東京12チャンネル）で「原子動物は生きていた！」、十二月二十四日『11PM』で「怪奇特報！宇宙人・念力男・空飛ぶ円盤」、十二月二十七日『木曜スペシャル』（日本テレビ）で「現代の怪奇！決定版これがそら飛ぶ円盤だ!!」など、テレビ欄で確認できる範囲だけでも、〈オカルト〉が出し物になる頻度が高まったことがわかる。

一九七三年七月二十一日付「朝日新聞」（朝刊）テレビ欄の囲み記事によれば、『あなたのワイドショー』（日本テレビ）の「異色人間」のコーナーに、死霊を呼ぶというふれこみの人物が登場している。ワイドショーでは、ユリ・ゲラー来日以前、すでに死霊を呼ぶという人物もありふれた出し物になっていた。

2——超能力ブームの顚末

▼空前の超能力ブーム

超能力ブームといわれた社会現象をテレビ番組の展開から描出してみると、次のようになる。まず、ブームの火付け役になったユリ・ゲラーが日本のテレビ取材に初めて応じたのは、一九七三年十二月二十四日放送の『11ＰＭ』である。[3] ディレクター（矢追純一）の面前で金属製品（パイプ用コンパニオン）を曲げ、切断してみせた。翌七四年二月、初来日。この間、一月二十四日放送の『13時ショー』「スクープ！超能力少年日本で発見」に関口淳（当時十一歳）が出演し、スプーン曲げを披露していた。[4] 二月二十五日、『11ＰＭ』にユリ・ゲラー生出演。司会の大橋巨泉やアシスタントの松岡きっこの前でスプーン曲げを実演し、関口少年と対面する。[5] 翌日、ユリ・ゲラーは日本を去る。

続いて、一九七四年三月七日午後七時三十分、日本テレビで『木曜スペシャル』「驚異の超能力!! 世紀の念力男ユリ・ゲラーが奇蹟を起す！」が放送される。番組前半は離日前の公開録画で、ユリ・ゲラーがフォークを曲げてみせた。彼は念力を発揮するのに、観客や視聴者に助力を求める。「さあ、みなさん。僕に力を貸してください」「テレビを見ているみなさんも、僕と一緒に念じてください…曲がれ…と！」「一、二、三…曲がれ！」——こうしたパフォーマンスに、テレビの前の視聴者は引き込まれた。後半はカナダのトロントからの生中継で、彼は日本に念力を送るという。視聴者はスプーンや動かなくなった時計を手にするよう促される。スタジオにはスプーンを手に念じる司会者とゲスト、視聴者からの電話を受ける一群の女性スタッフ——すると、司会の三木鮎郎の止まっていた古時計が動きだし、視聴者から「うちのスプーンが曲がった」「止まっていた時計が再び時を刻み始めた」などの電話が相次いだ。「当夜だけで一万件の電話があり、局の電話交換機が焼けただれたという(6)」

以降、超能力番組を列記すると、同年四月一日『アフタヌーンショー』（NET）で「スプーン曲げ超能力を徹底解剖！」。四月四日『木曜スペシャル』で「特集‼驚異の超能力・ユリ・ゲラーのすべて」。今度は北欧（ヘルシンキ）からテレパシーを送り、ブラウン管を通して再び奇跡を起こす。四月八日『アフタヌーンショー』で「火花散る超能力！女武道家の対決」。同日『奥さん！2時です』（東京12チャンネル）で「スプーン曲げ超能力少年新実験に挑む」。四月十三日『朝のティーサロン』（TBS）に関口少年が出演してスプーンを曲げる。四月十五日『アフタヌーンショー』で「生か死か！これが密教超能力」。四月十八日『奥さん！2時です』で「都はるみもアッ⁉と驚く念力刀」。四月二十六日『ミセスのタウン情報』（NET）で「超能力に挑戦！」。四月二十九日『アフタヌーンショー』で「無限記憶術」。同日『奥さん！2時です』で「超能力チビッ子集合‼」。五月三日『3時にあいましょう』（TBS）で「対決！超能力対天才少年」。五月四日『土曜奥様ショー』（NET）で「超能力⁉チビッ子腕くらべ大会」。五月五日『NOW ヒットパレード』（日本テレビ）で「超能力コーナー」がレギュラー化。五月六日『小川宏ショー』で「現代のミステリー」超能力実験や円盤目撃者が取材される。同日『3時のあなた』（フジテレビ）で関口少年がスプーン曲げ。『アフタヌーンショー』で「霊犬、霊鳥の超能力を探る」。『奥さん！2時です』で「超能力のヒミツを探る」[7]。超能力ブームをテレビ番組で追ってみると、四月から五月初旬（ゴールデンウィーク）がブームの最盛期だったと看取できる。超能力への関心が社会的話題となった四月から五月上旬、ワイドショーは三日にあげず超能力を出し物としていた。

▼ブームの過熱と収束

超能力番組への批判は、四月初旬から新聞紙面に見いだされる。四月六日付「読売新聞」に掲載された囲み記事は、石川雅章からの手紙を紹介しながら、子どもたちが超能力者に祭り上げられる状況に対する懸念を示す。

「私にもできます」「うちの子だって…」といった種類の電話は、新聞社にも数多い。念力少年・関口淳くんも出演した四日夜の日本テレビ特集番組を見ていたら、この番組についての電話お断りというテロップが流れたから、テレビ局にはもっと激しいのだろう。そして目下、超能力のスターには、なぜかチビッ子が多い。（略）少年や少女はこれらの不思議をメルヘン的興味で受け取り、自らも試みるわけだが、たまたまその〝冒険〟に成功したように見えると、金のタマゴのように目をつけた大人たちが、少年少女の一生を狂わせることにならないか……。

戦前、山田喬樹という男は娘をテレパシー（暗号によるアテモノ奇術、と石川氏は言う）の霊能少女に仕立て、九歳から十五歳までの大切な少女期の彼女を、生き神さまとして御簾（みす）の中に閉じ込めた。そしてぜいたくな暮らしをしていた山田が昭和十二年七月に福岡県で愛妾（あいしょう）と共にサギ罪で捕えられた時、娘の方は「これでようやく人間に戻れました」と喜んだ。これは当時、大きく報道された事件だったらしい。これは極端な例にしても、やはりテレビに登場した某少年のところには、身の上相談的な客が日に何十人か押しかけているという。石川氏の指摘する危険性なしとしない。(8)

また、四月二十日付「朝日新聞」「天声人語」は、「イワシの頭も信心だから、大騒ぎしている人に水をさすのもどうかと思うが、ばかばかしい話としか言いようがない」と、次のように論じた。

「科学で解けぬ奇跡」と麗々しい触れ込みで、テレビは視聴率を上げる。本気でそう信じているのなら困ったことだし、そうでないなら無責任な話である。手品師が「タネも仕掛けもありません」と口上よろしく、シルクハットからハトや金魚ばちを出すのも不思議なことだが、だれもこれを「超能力」とは思わない。タネがあるのを知っているからだ。ただそれを見破れないから手品師は商売になる。「超能力」のタネが見破れないのは手品と同じだろうが、それに「奇跡」やら「神秘」やらともっともらしい言葉をつける。トリックさえトリックして、集団催眠術にかけようとするところがなんともいただけぬ。(9)

およそ一カ月後、五月十六日付「朝日新聞」「天声人語」は再び超能力ブームに言及するが、そのなかで「先日、このコラムで『手品を超能力だと称するところがいただけぬ』と書いたら、たくさんの投書をいただいた。ほとんど全部が『科学盲信の独断だ』という反論だった[10]」と明かしている。超能力を率直に否定する言説に対して、受け手（読者）が反発を示すマスコミュニケーション状況があったことがうかがえる。

以下は、「週刊文春」一九七四年六月十日号にある記事の冒頭である。

超能力を信ぜざる者は人にあらず、から一転して、スプーンを曲げるなどといおうものなら、白い目で見られかねまじき雰囲気だが、この一大キャンペーンの先頭に立つのが大朝日。その威力のほどをまざまざとみたり、といいたいところ[11]。

超能力ブームは、「超能力を信ぜざる者は人にあらず」という空気が醸成されるほど過熱したが、「週刊朝日」一九七四年五月二十四日号（朝日新聞社）が関口少年のスプーン曲げのトリックを捉えた写真を掲載、「衝撃スクープ」「科学的テストで遂にボロが出た！」「〝超能力ブーム〟に終止符」と報じると、ブームは一転する。「週刊朝日」のスクープ以降、超能力ブームは急速に下火になって収束する。

▼自粛した局と続けた局

以下は、東京・大阪の二局が超能力番組の自粛を決めたことを報じる一九七四年五月二十三日付「朝日新聞」の記事（リードを除く本文）である。超能力番組に対して当時なされた批判の要点を把握できる内容なので、長くなるが、全文を引用する。

　自粛を決めたのは大阪の毎日放送で、このほどNETなどネット局にも配慮を求める申し入れをした。大阪府教委から「スプーン曲げには、トリックを使っている子どもがおり、テレビで取り上げるのには教育上問題がある」との申し入れがあったからだという。

　TBSも「局員を拘束してはいないが、新しい事実が出ない限り放送しない」という。同局の宇田テレビ本部長は「もともと民間放送連盟がつくった〝放送基準〟一〇三条で心霊など、科学を否定するものは扱わないことになっている。手元が映ると念力が出ないなど、超能力者を自称する人たちの撮影条件を受け入れた形で番組を構成すると、どう解説してみても、テレビ局が超能力演出の片棒をかついだとみられるからだ」という。

　しかし、これまでたびたび超能力番組をやってきた日本テレビは、さる二十日の記者会見で「番組としてはとにかくおもしろいんだから、これからも続ける。科学でも証明できないことはいくらでもある」と動じない。

　超能力番組が多くなったのは昨年秋ごろからで、はじめは外国の超能力実演をフィルムで紹介する形で始まった。その後、外国の超能力者の一人といわれるユリ・ゲラーのスプーン曲げを放送したところ「私もスプーンが曲がる」という人が大量に現れ、ブームが頂点になった。

各局は、こうしたスプーンを曲げられる少年少女たちを番組に出演させた。しかし、もともとスプーンは手で曲げることができることや、この〝超能力者〟たちは「視線が直接当たると力が出ない」などと、さまざまな条件を付けるため、本当に念力で曲がったかどうかはとても証明できない。このため超能力か、そうでないかは曖昧なままで、子ども番組やワイドショーが競って超能力番組をつくり、二十数回出演したという超能力タレントまで現れた。

あるテレビ局のプロデューサーは「インチキ超能力者が多かった。科学では理解できない現象も目撃したが、なにしろ〝自分だけの空間をつくってほしい〟という彼らの要求を入れると、直接目で見ることができないため、どうしてそのような現象が起きるかは解明できるはずがない。出演した子どもたちがみんなウソつきとは思えないし、むしろ自己催眠にかかって、力で曲げていたように思う」という。

二十三日、渋谷などの街頭で千五百枚のビラ配りをする「超能力番組を告発する会」[12]（仮称）は、「あいまいなものが、テレビを通じると、いかにも真実になってしまう魔性」を問題にしている。このグループは若手のアングラ映画制作者らが発起人となったもので、二十六日午後八時から、東京渋谷区桜ケ丘三丁目の「ポーリエ・フォルト」で超能力番組を考える討論会を開く。

会の発起人の一人、伊東哲男さん（二五）は「超能力を信じる人がけしからんなどとはいえない。しかし、一連の超能力番組は、実体が不明確なものを、視聴率がいいからと、いかにも本当らしく見せ、テレビの性格を巧みに使った手品の疑いが濃い。たかがスプーンなどといっていると、もっとこわい視聴者操作が起きたときに防げなくなる。視聴者への影響を安易に考えてほしくない」という。[13]

子どもへの悪影響を懸念する声に対しては自粛を決めた放送局もあったように、放送局に反省・配慮の対応が見られた。しかし、「放送基準」（百三条「占い、心霊術、骨相・手相・人相の鑑定、その他迷信を肯定したり科学を否定したりするものは取り扱わない」[14]）に抵触するという指摘やテレビが非科学的な事柄を真実のように放送することの問題性については、論議の進展が見られない。

前記の記事で言及されている「二十日の記者会見」は、日本テレビの社長会見（定例）であり、「週刊朝日」によると、同席した津田昭制作局長（当時）が次のように語っていた。

「インチキの超能力を放送するのはやめた方がいいという声もあるが、超能力については、まだ科学で否定しきれない未知の部分がある。まあ、人命にかかわるとか、国家社会に重大な影響をもたらすとかいうことじゃないし、スプーンを曲げたり、折ったりする程度の、単なるお遊びだから……」[15]

「単なるお遊びだから」という認識によって、「放送基準」（百三条）は乗り越えられていたとしても、「放送基準」（百三条）に抵触することは否定できない。しかし、テレビが超能力など非科学的な〈オカルト〉を真実のように放送すること、科学を否定しかねない番組を放送することに対する批判・非難は高まらなかった。

なぜテレビ批判は高まらず、「放送基準」に「催眠術、心霊術などを取り扱う場合は、児童および青少年に安易な模倣をさせないよう特に注意する」と定められることになったのか。次に、超能力・オカルトをめぐるメディア言説を手がかりに検討する。

3——オカルト番組はなぜ成立したのか

▼「週刊朝日」衝撃スクープの反応

超能力ブームの風向きを変えた「週刊朝日」一九七四年五月二十四日号には、「〝超能力実験〟を見た人たちの反応は」の小見出し以下、六人（大橋巨泉／有馬康彦／中山千夏／小松左京／桂三枝／川口浩）のコメントが列記されている。これらのコメントを見ると、当時、超能力／超能力番組に対してさまざまな反応があったことがよくわかる。

大橋巨泉　超能力ブームというのは、現在の科学万能というか、角さんに象徴される数字優先に対するアンチテーゼとして、わるいことだとは思わない。私は今でもユリ・ゲラーは本当だと思っている。念力はあると信じている。私の目が悪いのかもしれないけど、目の前でスプーンを折ったんですからね。子どもたちが背中を向けてやるのは信じてなかったが、スプーンから針金、とやることがエスカレートしていくのはこわい。それをもちあげるマスコミと平気な顔をしてやらせる親にこそ責任があると思う。

有馬康彦（ＮＥＴ「アフタヌーンショー」プロデューサー）（略）スタッフのなかには予備取材のとき、目の前でスプーンを曲げられて念力の存在を信じている者もいますが、私はまったくの半信半疑でした。司会の川崎敬三さんは信じていて、子どもたちが念力を使い出すと一緒に頭が痛くなったりしましたから、今度の実験結果にショックを受けたようです。

中山千夏（女優）（略）私はどちらかといえば超能力というものを信じたい。だって、子どもがそんなことでウソをつくことの方が不思議ですもの。黒柳（徹子）さんはかかわりたくない、念力があれば怖いし、インチキとすればもっと怖いからというけれど、私はトコトンかかわりたいという気持ちです。

小松左京（ＳＦ作家）私もこの種のテストに立ち会ったが、曲った瞬間は目撃していない。ただ、透視やテレパシーとちがい、今度のケースは〝超能力〟が、直接物質に作用するものだけに、もし真実ならば、科学的検証が可能だから、科学の新しい発展に寄与できると思っている。そういう意味で、急いでちゃんとした物理学者の立ち会いで、厳密な測定を受けなさいと言っておいたのだが、いたずらにショーとしてエスカレートして来たのは残念だ。

桂三枝（落語家）（略）は？でたらめだった？実は、私もあの番組の直前、控室での親子の素ぶりに、ウサン臭さを感じてたです。それに、トリックでも曲げられる、ということも聞かされてたですから。番組では、うまくいかなかったのですが、まわりの人々には信じている人も多くて、「信じない人がいるから、うまくいかなかった」などといわれまして……肩身がせまかったですわ。

川口浩（タレント）　スタジオでやったときも、初めはだれも信じてなかったのに、終わった時にはみんなが信じ込んでいましたからね。あの番組の場合でも、はじめ、名古屋に新たな超能力少年がいるという情報があって、プロデューサーが出かけていったところ、手で曲げたのがバレて出演に至らず、ということもありました[16]。

有馬、中山、桂、川口のコメントからは、超能力番組の制作現場の様子が垣間見える。超能力番組は、超能力を信じる人と信じたい人（超能力〔念力〕はあるかもしれないという期待）の存在感が増すことによって、桂のように懐疑的な者は肩身の狭い思いをし、番組は超能力ショーとしてエスカレートする傾向にあった。

また、その背景には、有馬が「半信半疑」と言ったように、超能力（者）への単純な懐疑とは別に、超能力が人間の潜在能力である可能性への期待がある[17]。会見で制作局長が「超能力については、まだ科学で否定しきれない未知の部分がある」と発言したのも、それだけ超能力なるものに社会は「半信半疑」であるとの認識があったからだろう。

大橋のコメントは、当時の代表的な意見（メディア上、多数派と見なされた意見）と推察される。

なぜなら、超能力番組が過熱していく四月から五月、オカルトブームについて論じる特集を組む月刊誌が複数あったが、超自然・超能力への関心の高まりに対して、肯定的見解は語られても否定的見解は見当たらないのである。[18] オカルトブームといわれるようになった時点で、小松左京『日本沈没』(〔カッパ・ノベルス〕、光文社、一九七三年)、五島勉『ノストラダムスの大予言――迫りくる1999年7の月、人類滅亡の日』(〔ノン・ブック〕、祥伝社、一九七三年)のベストセラーから「妖怪変化」「お化け」、ユリ・ゲラー、関口少年の念力などが〈オカルト〉に包摂され、「近代合理主義」や「科学万能主義」へのアンチテーゼとして、肯定的に論じられていた。

大橋は「超能力ブームというのは、現在の科学万能というか、角さんに象徴される数字優先に対するアンチテーゼとして、わるいことだとは思わない」としながら、子どもたちの「やることがエスカレートしていくのはこわい」という。そして批判の矛先を向けるのは、「それをもちあげるマスコミと平気な顔をしてやらせる親」である。この意見は、オカルト番組成立の事情と合致する。マスメディアの雄としてテレビ(放送局・民放連)は、「放送基準」に「催眠術、心霊術などを取り扱う場合は、児童および青少年に安易な模倣をさせないよう特に注意する」ことを定め、オカルト番組の制作・放送自体をやめることはしなかった。大局、多数派と目された意見を反映して、オカルト番組は成立したといえる。

しかし、超能力・オカルトをテレビで取り上げることの問題は、子どもの模倣ばかりではないし、「放送基準」は「迷信を肯定したり科学を否定したりするものは取り扱わない」とも定めている。「催眠術、心霊術などを取り扱う場合」を想定した規定を新たに加えることで生じる矛盾について、どのように考えられていたのか――オカルト番組を成立させた事由について考察するためには、テレビが〈オカルト〉を出し物とすることを是認した送り手（放送局・制作者）の認識や論理に踏み込む必要がある。

そこでまず、小松のコメントを補足したい。小松もまた「もちあげるマスコミ」を批判するのだが、その根拠は、大橋のように情緒的なものではなく、実にラディカルである。「いたずらにショーとしてエスカレートして来たのは残念だ」という小松の真意を理解するには、説明を要しよう。

小松はスプーン曲げに代表される超能力を「いわゆる「オカルト」から厳密に区別すべき」と訴えていた。「グロテスクな黒ミサや、あやしげな呪術は、かなりな部分が、集団心理学や社会病理学の問題であろう」「シャロン・テート殺しをやってのけた血みどろのチャールズ・マンソン一家は、現代の「オカルト」の一つの結果であろう」「コリン・ウィルソン流のもっともらしい「オカルト」解釈も、今となっては、あまりにも思想的に通俗で、古くさい[19]」という。

小松がスプーン曲げ（念力）に興味をもったのは、前記のような「オカルト」と違って、「検証」の対象になるかもしれない」という期待をもったからにほかならない。「とりわけ、「スプーン曲げ現象」は、ＰＫ＝念効力（サイコキネシス）と呼ばれる現象に属する。つまり力学（カイネティック）の検討対象になるのである。遠感力（テレパシイ）や予知（プレコグニション）や透視（クレアボワイアンス）の「検証」が、どちらかといえば心理学や統計学の色彩を帯びるのに対して、ＰＫは、それが「事実」であるかどうか、きわめて検証しやすい[20]」

> 「スプーンが曲る」という、いとも単純な現象の「多数例」を集めるのに、テレビ局が一種のキャンペーンを行う。ここまではいい。しかし、それが次第に無責任な「興味本位」になり、うさん臭い、あるいはもっともらしい「解説」までついて、子供たちが「魔女おどり」めいたものをおどらされている、といった社会的印象が形成されてくれば、次に予期されるのは「逆魔女狩り」の反動である。[21]
>
> ユリ・ゲラーをひっぱってきて、この種の番組をつくり上げたＮＴＶの矢追純一ディレクターも、関口甫氏も、週刊プレイボーイ編集部も、一種のブームに「乗って」、その拡大ばかりはかっていず、もっと早く、ちゃんとした「科学的検証」のレールにのせるべく努力すべきであったし、今からでもそうすべきだ。（略）肯定論者や関係者にはっきりさせておきたい。「超」能力や「超」科学的現象は、科学の厳密な検証をうけて、はじめて、「超能力」「超常現象」といえるのである。[22]

小松が「いたずらにショーとしてエスカレートして来たのは残念だ」と発言したのには、次の主張がある。すなわち、「肯定派マスコミ」と「否定派マスコミ」の「対決」では、超能力の問題は何も解決しない。にもかかわらず、人はしばしば「敵か味方か、態度をはっきりさせろ」と迫ったり、「信じろ」と迫ったり、「信じる様な奴の知性をうたがう。もっと断乎として虚偽を憎め」とせまったりする。「社会の公器」であるマスメディアは、単純に「白黒」を求めるのではなく、その

責任として「公正な科学的テスト」をおこなうべきである。(23)

小松は「社会の公器」であるマスメディアに「公正な科学的テスト」を求めたが、テレビ（放送局・制作者）が超能力を取り上げた動機に注目してみると、真に「公正な科学的テスト」をおこなうという発想は生じえなかったと思われる。

▼「現代最後のロマン」

ユリ・ゲラーの『木曜スペシャル』出演は超能力ブームを語るうえで欠かせない象徴的な出来事だが、この『木曜スペシャル』は「改編期と年末年始の〈特番〉を毎週やったらどうだろう」という発想から、一九七三年にスタートした番組だった。(24) 日本テレビ社史には、次の記述がある。

九十分サービスてんこ盛りの特番を毎週。口で言うのはたやすいが実現させるのは離れ業に近い。最初の一年はボクシング中継などに助けられたが、二年目に〈超能力者〉ユリ・ゲラーを招いたあたりから火がつき、長嶋茂雄選手の引退特番「緊急特集！さよなら！ミスタージャイアンツ」〔一九七四年十月十七日放送：引用者注〕でブレイクした。（略）「石川〔一彦チーフプロデューサー：引用者注〕さんと僕〔佐藤孝吉：引用者注〕が目指したのは、ひとことで言えば〈娯楽ドキュメンタリー〉かもしれない。上からものを言うのではなく、視聴者と同じ高さの目線で泣いたり笑ったりして、みんなの応援歌になるようなドキュメンタリー。それが、なんとなく二人の合言葉でした」佐藤が演出して『木スペ』最初の絶頂期を導いた「さよなら！ミスタージャイアンツ」は、まさにそのような番組の一つだった。（略）一方で、「だれも見たことがない世界を見せるのがテレビ」というつくり手の持論も『木スペ』には貫かれていた。それが、虚と実の狭間で遊ぶオカルトものの人気を呼んだ。超能力やUFOネタでヒットを飛ばし、オカルトブームを巻き起こした矢追純一は、ある時ボソッと佐藤孝吉に言ったという。「塀に穴を開けて、そこに〈覗かないでください〉と書いておく。みんな覗きたがる。テレビってそういうもんですよね」[25]。

送り手（放送局・制作者）にとって『木曜スペシャル』の「オカルトもの」とは、「だれも見たことがない世界を見せる」という新奇性を売りものとするものであり、「虚と実の狭間で遊ぶ」エンターテインメントと自負される。

超能力番組批判キャンペーンを展開した「週刊朝日」は、「超自然現象について、すでに数年前から放送し」ていた勝田建（日本テレビプロデューサー、当時）を取材している。勝田は記者の質問に応えて、次のように語っていた。

「手品といわれても、インチキといわれても仕方ありません。もともとテレビとは、そういうもんですよ。何をやっても疑いを持たれる……テレビの宿命ですよ」（略）

「先日11PMでやった北海道の空飛ぶ円盤にしても、宇宙人と交信した人の住所はどこか、という雑誌社の人の電話が殺到しました。（略）ま、この円盤にしても、ホント？ウソ？と目くじらをたてて騒ぐのはいいんですが、そんなことよりも『現代最後のロマン』というとり方をしてほしいですね。本音をいいますと、この種の問題をめぐって騒ぐ方も、騒がれる方も、商業主義的にいえば成功……、つまり商売になる。大変けっこうなことじゃないですか[26]」

「テレビとは、そういうもん」「何をやっても疑いを持たれる……テレビの宿命」というテレビ観は、「公正な科学的テスト」をおこなうべき責任がある「社会の公器」とはほど遠い。オカルト番組の送り手は、「ホント？ウソ？と目くじらをたてて騒ぐ」のはいいが、それよりも、「現代最後のロマン」というとり方をしてほしいという。つまり、出し物である〈オカルト〉の真偽は、テレビにとって問題ではない、というスタンスの表明である。

こうした発言が受け手の反発・批判を招いた形跡はない。ただし、前出「超能力番組を告発する会」が超能力番組について会う人ごとに疑問を投げかけたところ、その反応は「テレビを見て超能力を信じた」「テレビでやってるからには、全くウソではあるまい。興味はある」「まったくのショー。テレビなんてそんなものじゃないか」「テレビのインチキ。やらせではないか。許せない」とさまざまだったという[27]。

▼軽やかで明るい一体感

一九七四年当時、超能力をメディアがどのように取り上げたか、雑誌記事をもとに検討した吉田司雄は、超能力ブームをめぐる言説から「オカルトのもつ政治性」が抜け落ちていると指摘する。

プハリッチの『ユリ』（邦題：アンドリヤ・H・プハーリック『超能力者ユリ・ゲラー』井上篤夫訳〔サラ・ブックス〕、二見書房、一九七四年）によれば、ユリ・ゲラーの超能力はUFOに乗ってきたエイリアンから授かったもので、彼の使命は中東さらには世界に平和をもたらすこと、そのための超能力とされている。しかし、矢追純一が紹介する彼のプロフィールからは、彼が超能力を授かった経緯と理由がきれいに抜け落ちていた[28]。

吉田が「もし、一九七四年三月七日の『木曜スペシャル』で紹介されたのがユリ・ゲラーの念力だけでなく、コンタクティ体験まで含めたものだったら、人々の反応はどうだっただろうか[29]」と皮肉るように、〈オカルト〉を「現代最後のロマン」とする送り手（放送局・制作者）は、「オカルトのもつ政治性」をはじめから意図的に等閑視したものと推察される[30]。

また、一九七四年当時、社会学者の井上俊は「オカルトの流行は、近代の合理主義、あるいはそれを代表する科学への不信に根ざすものだという見方が一般的である。しかし本当にそうだろうか[31]」と疑問を呈していた。

科学にひとあわ吹かせてやりたい――そんな気持ちを現代人の多くは心のどこかにもっているのではないか。そしてこの心理はまた、強大な科学によって破門され辺境に追いやられたオカルトへの一種の「判官びいき」の心理ともまじりあい、強めあう。（略）こうした心理は「科学への不信」に由来するものではない。むしろ逆である。占いにしても、それが軽やかに楽しまれる都市的な大衆文化として広まりうるのは、私たちが暗黙のうちに科学の権威を認め信じているからだ。星占いの好きな若者たちも、決してそれに支配されているわけではない。占いからシリアスで苛酷な要素をぬきさるには科学の力が必要である。科学への信仰なしに占いを「あそぶ」ことはできない。オカルトの流行は、必ずしも科学（あるいは近代合理主義）への疑いや不信の表現ではない。とくに大衆文化としてのそれは、むしろ暗黙の科学信仰を前提とし、そのうえに栄えているものだ。[32]

井上は、占いを「あそぶ」ことができる「都市的な大衆文化」の広がりを捉え、「科学技術の力と支配が、権力と結びつきながら、私たちの生活のすみずみにまで及んでくることへの半ば無意識的な恐れがひそんでいるのではないか」と考え、「その意味で、このブームのなかには何か健全なものがふくまれている[33]」と解釈した。

「科学にひとあわ吹かせてやりたい」気持ちは、「現代最後のロマン」を受け入れやすい。科学／近代合理主義に対抗するのではなく、科学／近代合理主義が世界中に行き渡ることへの「半ば無意識的な恐れ」と「暗黙の科学信仰」を前提にして、残されたわずかな秘境としての〈オカルト〉に心を寄せる。それは、まさにロマンである。

コリン・ウィルソンは、オカルトを狭隘な日常意識の袋小路的な現状のなかで失われた本源的な能力と規定し、オカルト（自己の隠されたレベル、あるいは自己の内面）へと向かわなければならないと論じたが、テレビの〈オカルト〉は、自己の内面へと向かわせるよりも、むしろ「現代最後のロマン」を共有する連帯感・一体感を醸成したのではなかったか。

小松左京もまた、次のようにも述べていた。

今度のように、ひどく単純であっけらかんとした形であらわれてきた「現象」は、そこに子供たちが介入しているだけに、古めかしくおどろおどろしい「オカルト」にまきこまれることを、他のいわゆる「オカルト」と同列にあつかわれることは、絶対さけられねばならない、というのが、私の感想である。(34)

「古めかしくおどろおどろしい「オカルト」にまきこまれる」、石川雅章が指摘した危険性もなかったわけではない。しかし、一九七四年に流行した〈オカルト〉は、「軽やかに楽しまれる都市的な大衆文化」という印象を人々に与えていた。この軽やかさと明るさは、オカルト番組の送り手（制作者）が「現代最後のロマン」を標榜し、オカルトの政治性を排除したことと呼応する。

▼高まらなかったテレビ批判

当時、東京大学教授だった情報処理学者の山田尚勇（のちに同名誉教授）はテレビに出演してスプーン曲げに立ち会ったことがあったが、そのとき「東大の教授がそんなものに頭を突っ込むのは、ちょっとはしたないですね」と、いささか非難めいた冷やかしを受けたという。

大学教授は、海のものとも山のものともつかない、超能力などに頭を突っこまないで、もっと権威のある学問に専念すればよろしい、という考えは、一見、至極ごもっともに聞こえる。しかし本当にそうであろうか。私はそうは思わない。その裏にあるのは、天皇制に始まり、官僚主義、学閥、年功序列を経て、大衆無視に至る、一貫して抜き難い、日本的権威主義、事大主義であろう。（略）日本の文化人が超能力ブームの中で果たした役割は、はなはだすっきりしない。そこには「思想と言論の、自由と責任」の自覚と反省もなかったし、事実の徹底的追求の気迫も乏しかった。[35]

雑誌メディアの言説は、「週刊朝日」のスクープ、超能力ブームの収束以降、「オカルトブームそのものを全否定しようとする動きが主流」となり、「オカルト信奉者（ビリーバー）となるか、懐疑論者（スケプティスト）すなわち科学あるいは近代合理主義の信奉者（ビリーバー）となるか、そのいずれかしか選択肢がないかのように事態が推移していく[36]」。

山田は、「スプーン曲げブームで浮き彫りになった問題の一つは」「われわれの科学的な物の見方の底の浅さである」「注意深く「事実」についてのデータを集め、分析する努力を抜いたままで、すぐ論争に短絡したようである[37]」と指摘したが、当時のマスメディアで、「科学的な物の見方」によって超能力ブームの問題点を指摘し、テレビというメディアの責任にまで言及した小松左京は、稀有な存在だった。

一九七四年当時、オカルトブームを批判する記事は、石川雅章「超能力ブームのウラのウラ[38]」、宮原将平「悲合理主義と科学の立場[39]」、河村望「科学と呪術[40]」、佐木秋夫「「終末」予言と「超能力」ショー」[41]、秋山達子「オカルト・ブームを切る」[42]などがあるが、いずれも超能力の詐術やオカルト信奉者の非合理性を批判するもので、社会心理を分析しようとする視点はあるものの、テレビの責任を問い、オカルト番組に言及する批判は見られない。

▼オカルト番組成立の基盤

超能力番組に対しては子どもへの悪影響という観点からの批判が高まりを見せたものの、テレビが〈オカルト〉を出し物にすることへの批判は概して高まらなかった。その事由について、本節で検討してきた諸要因を整理してみよう。

「迷信は肯定的に取り扱わない」とする「放送基準」は、〈信じられ方〉を基準とする考え方によって、〈迷信〉のイメージを払拭し、「お座興程度」とすることで乗り越えられる。一九七四年当時、すでに超自然的・非科学的な〈オカルト〉を真偽はともかく〈見もの〉として提示するメディア・フレームは形成されていた。このメディア・フレームのキーになる、〈オカルト〉を真に受けず、真偽をとやかく言わず、とにかく〈見もの〉として受け止める視聴者（像）は、オカルトブームを経てより輪郭をはっきりさせる。すなわち、〈オカルト〉は「軽やかに楽しまれる都市的な大衆文化」であり、オカルト番組の〈オカルト〉は「現代最後のロマン」として受け入れられるという認識（common sense）が周知されることで、〈オカルト〉を真に受けずに〈見もの〉とする視聴者（像）がより明確にイメージされるようになるのである。

ただし、この視聴者（像）から「子どもたち」と「平気な顔をしてやらせる親」は逸脱する。

「それをもちあげるマスコミ」によって「やることがエスカレートしていくのはこわい」。オカルト番組の〈オカルト〉は、「軽やかに」「あそぶ」「お座興程度」でなければ、「迷信を肯定したり科学を否定したりするもの」となるからである。

一九七五年（昭和五十年）一月、民放連は「放送基準」に「催眠術、心霊術などを取り扱う場合は、児童および青少年に安易な模倣をさせないよう特に注意する」と定める。この決定は、裏返せば、〈オカルト〉を出し物とする番組は、〈迷信〉を連想させる表象を退け、「お遊び」「お座興程度」にエンターテインメント化することによって許容（放送）されうる、という認識に基づく。[43]つまり、オカルト番組は「お遊び」「お座興程度」の〈信じられ方〉をする（と思われる）ところに成立したのであり、オカルト番組が社会的に容認される理由もまた、この前提にある。

別言すれば、オカルト番組は、視聴者が〈半信半疑〉で「楽しむ」ものでなければならない。オカルト番組の〈オカルト〉は、「ホント?ウソ?と目くじらをたてて騒ぐのはいい」が、「ホント」と信じられてはならない。ならば、「ホント」と信じられないために、「虚と実の狭間で遊ぶ」エンターテインメントであるために、〈半信半疑〉で楽しまれるために、「ウソ」が混在することも許容されるのだろうか――。

オカルト番組は信じられる程度を重視する〈信じられ方〉を基準とする考え方によって是認されるが、この考え方では、何が信じられているかではなく、どのように信じられているかが問題となる。したがって、〈オカルト〉に内在する非合理性や反社会性など、その内容については検討されず、等閑視される傾向が生じる。

視点を変えれば、オカルト番組は二つの問題を捨象して成立したといえる。一つは事実追求の問題であり、もう一つはマスメディア（テレビ）の役割・責任の問題である。

　オカルトブームとオカルト番組成立の過程で、送り手も受け手も、信じる・信じたい／興味・関心を抱くという態度・反応と、信じない・信じられない／「真剣になってお相手するのも大人気ない」という態度・反応との「対決」の構図にとどまり、結局のところ、事実の追求はなされなかった。背景には、〈オカルト〉は「軽やかに楽しまれる都市的な大衆文化」であり、オカルト番組の〈オカルト〉は「現代最後のロマン」として受け入れられるという認識がある。つまり、そもそも〈オカルト〉に追求すべき事実などないという暗黙の了解があったと考えられるが、そうした認識・暗黙の了解によって事実の追求がなされないということは、留意すべき問題である。[44]

　オカルト番組の〈オカルト〉は「虚と実の狭間で遊ぶ」エンターテインメントであるために、〈半信半疑〉で楽しまれるために、あたかも真実のように放送される。しかし、超能力番組について、その反応は「テレビを見て超能力を信じた」「テレビでやってるからには、全くウソではあるまい。興味はある」「まったくのショー。テレビなんてそんなものじゃないか」「テレビのインチキ。やらせではないか。許せない」とさまざまだったように、送り手の意図はどうあれ、受け手の反応は常に多様である。「催眠術、心霊術などを取り扱う場合は、児童および青少年に安易な模倣をさせないよう特に注意する」という自主規制を設けたとして、はたしてオカルト番組は〈オカルト〉を安全にエンターテインメント化しきれるのだろうか――こうした問いも答えもないままに、不問に付されたマスコミュニケーション状況を基盤として、オカルト番組は成立した。

4——オカルト番組批判のパラドクス

〈信じられ方〉が重視されると、何が信じられているかではなく、どの程度信じられているかが問題の焦点になる。すると、〈迷信〉〈オカルト〉に内在する非合理性や反社会性など、その内容について十分な検討がなされない傾向が生じる。さらに、オカルト番組に対する批判にしても、批判の内容よりも、批判があったことに意味が見いだされる側面が生じることになる。

かつてジャパンスケプティクス（「超自然現象」を批判的・科学的に究明する会）の運営委員、副会長を務めた草野直樹は、大槻義彦の「オカルト批判」を批判して、次のように述べている。

> 「大槻さんにもいろいろ間違いはあるかもしれないが、メディアで反オカルトを主張していた功労は認めてもいいのではないか」大槻信者の拠り所はこの点にある。しかし、実はその点こそが問題なのである。宜保愛子、織田無道、韮沢潤一郎、その他、このタレント物理学者がメディアで華々しく「対決」して、いったい何が残っただろうか。（略）オカルトが流行するのは、社会的な要因があるからだ。大槻の「努力」なるものは、社会現象としての側面を切り離したオカルトタレント個人への攻撃（パフォーマンス）に限定されている。オカルトタレント個人との、メディアで大向こう受けする「対決」によって、視聴者はむしろ大槻のパフォーマ

ンスに目を奪われ、肝心の要因に接近する思考を持てないだろう。(45)

オカルト番組の〈信じられ方〉が真に信じられるほうに傾いたとき、当該番組をめぐって週刊誌などのメディアに批判の言説が表出する。ただし、オカルト番組批判は、批判者の思いとは裏腹に、オカルト番組の存続に役立つ側面がある。なぜなら、番組批判によってオカルト番組の〈信じられ方〉が是正された（と見なされた）なら、オカルト番組は許容される理由を再び得ることになるのだから。

大槻の「オカルト批判」は、視聴者の目を奪うパフォーマンスもさることながら、「オカルトタレント個人への攻撃」によって、オカルト番組の存続に貢献してきたともいえる。大槻は、オカルト番組がなくなることを望んでいるようだが、自身のオカルト番組批判こそがオカルト番組を存続させるというパラドクス（paradox）に陥るのである。

注

（1）内田秀男がオーラ色彩測定器の公開実験をおこなう（原田実／杉並春男『原田実の日本霊能史講座』〔と学会レポート〕、楽工社、二〇〇六年、四五〇ページ）。

（2）具体的には、サボテンと「セルスターズ」というグループとの合唱だったという（同書四五二ページ）。

（3）ユリ・ゲラーが日本で放映されたテレビ番組に登場したのは、これより少しさかのぼる。関口少年は、十二月上旬に放送された『まんがジョッキー』（日本テレビ）でユリ・ゲラーのスプーン曲げを知り、真似してみたという（吉田司雄「メディアと科学の〈聖戦〉――一九七四年の超能力論争」、前掲『オカルトの帝国』所収、二六七ページ）。

（4）吉田司雄は「淳は人柱なのかも知れない!? 〝超能力〟関口少年父親の手記」（読売新聞社編「週刊読売」一九七四年五月四日増大号、読売新聞社）、関口甫「超能力者を息子に持てば」（文藝春秋編「文藝春秋」一九七四年六月号、文藝春秋）、「科学万能主義への警鐘」（潮出版社編「潮」一九七四年六月号、潮出版社）をもとに、関口少年が超能力少年となる経緯を整理している。以下、『13時ショー』（NET）出演に至るまでを引用する。

「少年が最初に指で曲がったティー・スプーンを父親のところに持ってきたのは一九七三年十二月中旬頃のことで、ユリ・ゲラーが十一月二十四日、ロンドンのテレビに出演したときに九歳の女の子もスプーンを曲げたのを十二月上旬、NTVの〝まんがジョッキー〟という子ども向けのテレビで見て、真似をしたらしいという。十二月二十四日、ユリ・ゲラーを紹介した『11PM』を家族で見て翌二十五日、一家揃ってスプーンをこするが、そのときは誰も曲がらなかった。しかし、翌年一月五日、長野の斑尾高原スキー場から帰ってきて再び一家揃ってスプーンをこすると、「ママ、気持ち悪いよ、曲がったよ!?」と九〇度以上大きく曲がったスプーンを淳少年が見せた。一月六日、デザート・スプーンを曲げ、一月七日、さらに切断にも成功。一月二十一日、『13時ショー』（NET）に出演してスプーン曲げを披露」（前掲「メディアと科学の〈聖戦〉」二六七ページ）

（5）この日、関口少年は昼に『13時ショー』に出演、そして夜に『11PM』でユリ・ゲラーと対面するという活躍ぶりだった（同論文二六八ページ）。

（6）東京ニュース通信社『テレビ60年』（東京ニュースムック）、東京ニュース通信社、二〇一二年、一六〇―一六一ページ。なお、視聴者からの電話の件数一万件は誇張と思われるが、「電話線が焼けただれた」などとともに、決まり文句の一つになっている。
（7）同書一六〇―一六一ページ
（8）「読売新聞」一九七四年四月六日付夕刊
（9）「天声人語」「朝日新聞」一九七四年四月二十日付朝刊
（10）「天声人語」「朝日新聞」一九七四年五月十六日付朝刊
（11）文藝春秋編「週刊文春」一九七四年六月十日号、文藝春秋、一四八ページ
（12）超能力番組を告発する会の発起人は七人（記事に後出する伊東の友人や彼が経営するスナックの常連たち）。会の発端について、発起人の一人（和田稔）は、次のように話す。「売りコトバに買いコトバですよ。スナックで超能力番組が話題になっていて、七人の仲間もそれぞれ半信半疑。それに対して店にくるある客が「あれはウソに決ってる」というんだね。「テレビでウソを流すというのに腹が立つなら、実際に抗議したらいいじゃないか」というんで、よし、それならっていうことになったんですよ。若さ、いやバカさかな」「田中政府よりだれしもテレビの方が信じられますよねえ。ボクらだって、テレビがあんなに不確実とは思わなかった。だからこの会で、テレビを信じきっている人たちに、テレビの問題の多い体質を気づいてもらえば、それでいい」。彼らは最初、民事訴訟に持ち込もうと、知人である「朝日新聞」の記者に相談した。訴訟は困難と断念したが、相談に乗った記者が運動を起こすという彼らを記事にしたため、「超能力番組を告発する会」（仮称。正式名称は「メディアを考える会」となる）は、誕生と同時に社会に知られる存在になった（同誌一四九ページ）。
（13）「朝日新聞」一九七四年五月二十三日付朝刊
（14）日本民間放送連盟「放送基準」（一九七〇年〔昭和四十五年〕一月二十二日改正）

(15) 朝日新聞社編「週刊朝日」一九七四年五月三十一日号、朝日新聞社、二〇ページ
(16)「〝超能力実験〟を見た人たちの反応は」、朝日新聞社編「週刊朝日」一九七四年五月二十四日号、朝日新聞社、二五―二六ページ
(17) たとえば、吉行淳之介は「今度のスプーンというか超能力を信ずるか信じないかについて、ぼくはスプーンは否定。だけれどもなんか違った超能力がないとはいえない。その点は半信半疑」と発言していた(毎日新聞社編「小説サンデー毎日」一九七四年七月号、毎日新聞社、一三三ページ)。
(18) たとえば、「中央公論」一九七四年五月号(中央公論社)掲載の鼎談「雑談・世相走馬灯――妖怪変化が横行する」(参加者は、駒田信二〔中国文学者〕、富岡多恵子〔作家〕、佐伯彰一〔文芸評論家〕。〔 〕内の肩書は誌面による。以下、同)では、佐伯彰一が「現代とひっかけてみると、科学とか、テクノロジーとか、合理主義とか、ヒューマニズムとかいうのが、とことんまでいくと、ヒューマニズムと科学で全部この世を割り切っちゃったら、ちょっと味気ないような気持ちは、漠然とわれわれの中にもあるし、一般にもある。それが風潮としていうと、日本ばかりでなく、世界的に非合理なもの、(略)ディオニュソスだか、渾沌としたパトスだか、何か人間、もう少し別のものがありはしないかという風潮が出てきている」と言うと、富岡多恵子が「そうですね。世界の隅々まで全部、ことばとか科学で分析してゆけるという発想が近代でしょう。それに対する無意識のうちに反感があるんじゃないですか。それだけじゃわからないものがある、といった…」と応じる。また、「文藝春秋」一九七四年五月号(文藝春秋)掲載の座談会「お化けとつきあう法」(参加者は、遠藤周作〔作家〕、平野威馬雄〔詩人・お化けの会主宰〕、西丸震哉〔農林水産省食糧研究所〕、大沼忠弘〔名古屋大学助教授・哲学〕)は、遠藤周作の「最近、オカルト・ブームとよく言われますね。ノストラダムスの「大予言」が売れたり、ユリ・ゲラーや関口淳君の念力とか、要するに超自然、超能力に関心が寄せ

られる時代になった」との発言に始まり、大沼忠弘の発言「人類はその都度「自然に還れ」の声に眼(ママ)ざめて、神のごとき原始人の能力を恢復しようと努めた。その結果、次の千年を支える新しい精神が生まれたわけですね。だから現代のオカルト・ブームも、ブームというような浮ついたものじゃなく、原始的な諸能力の恢復をめざすという意味で、人間にとって病的というよりむしろ健康な現象じゃないでしょうか」で結ばれる。〈オカルト〉が「近代合理主義」や「物質万能の科学文明」の彼方にあるものだという主張は、当然ながら超能力者の側からもなされていた。前掲「潮」一九七四年六月号掲載の特集「現代オカルト考」では、超能力者や霊能者の発言が所収されていて、トリを飾った関口少年の父親は「超能力は科学万能主義への警鐘である」と述べていた。

(19) 小松左京「「超能力現象」をどう見るか」「諸君!――日本を元気にするオピニオン雑誌」一九七四年七月号、文藝春秋、九五ページ

(20) 同記事九二ページ

(21) 同記事九五ページ

(22) 同記事九六ページ

(23) 同記事九九―一〇〇ページ

(24) 一九七〇年代までの編成は番組枠が小さく、十五分・三十分の番組を積み重ねていた。また、特定の曜日の特定の時間帯に同じ番組を放送する「定曜定時」の編成だった。一九七〇年代に入ると視聴者も制作者も、この細切れの定曜定時編成にある種のマンネリズムを感じるようになり、それがテレビ視聴時間量の減少を引き起こした、という指摘もある(前掲『テレビ視聴の50年』五一ページ)。

(25) 日本テレビ五十年史編集室編『テレビ夢50年 番組編4 1981―1988』日本テレビ放送網、二〇〇四年、三四―三五ページ

(26) 前掲「週刊朝日」一九七四年五月三十一日号、二二一―二二二ページ
(27)「朝日新聞」一九七四年五月二十六日付朝刊
(28) 前掲「メディアと科学の〈聖戦〉」二六六、二八三ページ
(29) 同論文二八三―二八四ページ
(30) 吉田は、オカルト現象の真偽だけを問題とするマスメディアの言説が「政治的問題の忘却装置として機能してしまっている」(同論文二八六ページ)と述べる。「ユリ・ゲラーが語ったとされるコンタクティ体験が日本で無視されたとすれば、それは彼が語る中東さらには世界の平和が現実にはどのような力によって妨げられているのか、ほかならぬ日本はその力とどう関わっているのかというリアルな政治的問いを封印したということでもある」(同論文二八五―二八六ページ)。視点を変えれば、コンタクティ体験に付随する政治性を排除するところに、別の政治性を見いだすこともできる。また、「上からものを言うのではなく、視聴者と同じ高さの目線」というこだわりには、「上からものを言う」者への対抗・抵抗の意識が表出されている。『木曜スペシャル』は、カウンター・カルチャーと共振したオカルトと相性がよかったという側面があったことも考慮すべきかもしれない。
(31) 井上俊「オカルト・ブーム考」、筑摩書房編「展望」一九七四年七月号、筑摩書房、一〇ページ
(32) 同論文一一ページ
(33) 同論文一一ページ
(34) 前掲「「超能力現象」をどう見るか」九五ページ
(35) 山田尚勇「超能力騒動と科学の〝お墨付き〟」、読売新聞編「週刊読売」一九七四年十二月二十八日号、読売新聞社、一四二―一四三ページ
(36) 前掲「メディアと科学の〈聖戦〉」二八〇ページ

(37) 前掲「超能力騒動と科学の〝お墨付き〟」一四二ページ
(38) 石川雅章「超能力ブームのウラのウラ」「人と日本」一九七四年七月号、行政通信社
(39) 宮原将平「悲合理主義と科学の立場――オカルトの流行に関連して」、新日本出版社編「文化評論」一九七四年八月号、新日本出版社
(40) 河村望「科学と呪術――最近のオカルト・ブームについて」、同誌
(41) 佐木秋夫「「終末」予言と「超能力」ショー」、同誌
(42) 秋山達子「オカルト・ブームを切る」、月刊ペン社編「月刊ペン」一九七四年十月一日号、月刊ペン社
(43) なお、この認識は、あくまでマスコミュニケーションで観察されるのであり、送り手の認識と混同されてはならない。送り手が、このような認識でオカルト番組を制作・放送していたということではなく、オカルト番組を存在させたマスコミュニケーションに観察される認識である。
(44) 念のため付記するが、〈オカルト〉について事実の追求がなされなければならないということではない。認識（common sense）・暗黙の了解によって〈オカルト〉は事実の追求から免れるということに留意されたい。
(45) 草野直樹「本誌前号・大槻義彦教授インタビューに物申す！「大槻サン、それじゃあ『江原啓之』に勝てないョ！」」、エスエル出版会編「紙の爆弾」二〇〇八年六月号、鹿砦社、六四―六五ページ

第3章　オカルト番組の展開——一九七〇年代・八〇年代の比較分析

オカルト番組は「お遊び」「お座興程度」の〈信じられ方〉をする（と思われる）ところに成立したのであり、オカルト番組が社会的に容認される理由もまた、この前提にある。オカルト番組は視聴者が〈半信半疑〉で「楽しむ」ものでなければならない。

しかし、テレビと視聴者の関係、その空間的特性は、固有のものではない。当然ながら、オカルト番組の成立を可能にした視聴者（像）もまた固有のものではありえず、変化する。

本章では、オカルト番組が成立した一九七四年を起点に、その後の展開をたどり、八〇年代のオカルト番組が成熟する視聴者に支えられながら問題をはらんでいく、その過程を読み解く。

1——一九七〇年代のオカルト番組

▼超能力番組の「やらせ」

『お昼のワイドショー』にアシスタントとして出演していた中山千夏は、一九七四年当時を回顧して、次のように述べている。(1)

仲間内の会話では、典型的な近代合理主義の感性を持つ青島〔幸男：引用者注〕氏は、超常現象も超能力も、ぜんぜん受け付けなかった。興味も持たなかった。信じるのは愚か者だし、子供たちは嘘をついているのだ、と言い切った。しかし、番組の中で、真面目に熱心に反オカルトを主張したことは一度も無い。オカルト企画に難色を示した、と聞いたことも無い。番組内で意見を述べなければならない局面になると、「どうも私には、今一つ納得いかないんですけどね」と笑って言う程度に受け流し、スプーン曲げを見せつけられると「いやあ、参りますなあ」などと、どうとでも取れる発言をして過ごしていた。八代〔英太：引用者注〕氏もまた、仲間内の会話では、スプーン曲げなどてんから信じていなかったし、興味も持っていなかったが、番組の中では大袈裟に不信を表明したり、あるいは「事実」を見せられて驚いてみせたりして、もっぱら番組を盛り上げることに努めていた。私は、(略）半信半疑であった。あるかもしれない、無いかもしれない、そして、ここが問題なのだが、あって欲しいと期待していた。多分、戦後に生を受け、経済とともに成長した多くの若者たちがそうであったように、この世の既成の法則が青ざめるようなものを、私は欲していた。(略)結果として平素の私は、「あるかもしれない」レベルとはいえ、「超能力」支持者であった。(略)誰が指図するわけでなく、そうした絶妙なバランスを三人が「自然に」取ることが、この番組の視聴率を上げる支えの一つであった。(2)

前章に引用した「週刊朝日」の有馬、中山、桂、川口のコメントからもうかがわれるように、超能力番組の出演者には「念力の存在を信じている者」「まったくの半信半疑」「ウサン臭さ(3)」を感じる者とさまざまだった。そうした出演者が、中山がいうところの「絶妙なバランス」を取ることで、番組内で超能力が全否定/全肯定されないという〈半信半疑〉がおのずから構成されていた。

ただし、中山が指摘するように、出演者が「自然に」取る態度・役割は、カメラの前で、番組を盛り上げるために、「誰が指図するわけでなく」演じてしまう/演じられてしまう態度・役割なのである。このような出演者の表現は、本来「やらせ」にあたる。

「やらせ」とは、渡辺武達の定義によれば、「情報送出において、その主題の選択と全体の編集、およびそれに関連する具体的小項目について、社会的・科学的真実と異なる形で意図的に番組制作したり、番組を脚色・演出、ないしはレポートする、あるいは番組内で出演者にそのように表現させること、もしくは局外者からそのような番組制作および情報送出をさせられること、の総称(4)」である。すなわち、オカルト番組では「社会的・科学的真実と異なる形で意図的に番組制作」するために「番組内で出演者にそのように表現させる」という「やらせ」がおこなわれている、と指摘しうるのである。

中山は「燃え上がりつつあるオカルト・ブームの炎に、ほんのちょっとではあっても、油を供給した[5]」ことを後悔する。

〔カメラの前で実験に失敗した少年の申し出を受け入れ、少年を一人きりにした：引用者注〕その結果、私は少年にとって不正が可能な状況を作りだし、従って「念力」が発揮されたとは仮にも言えなくなってしまった「実験結果」を、あたかも「超能力」現象をこの眼で確認したかのように取り扱ってしまったのだ。驚くべきなのは、私自身「超能力」現象を目撃したとは思っておらず、わずかとはいえ少年に疑いを抱き、番組が終わった後も、前と同様、「超能力」については半信半疑だった、ということだ。にもかかわらず、明らかにあの時、私は「超能力を目撃し信じるに至った有名人」の役割を果たしていた。少なくとも、「超能力の存在を支持する有名人」の役を果たしたことは間違いなかった[6]。

▼フィクショナルな〈テレビ〉

番組に「やらせ」があったとしても、それが視聴者に認識されていたとしても、その「やらせ」が糾弾されるとはかぎらない。「やらせ」が「やらせ」として非難されるのは、「視聴者が映像を含めてその部分を真実であるととらえているのに、「じつはそうではなかった」という送り手と受け手のコミュニケーションギャップがある限界を越え、その原因が送り手側にあるとき」[7]である。

テレビが〈オカルト〉を出し物とすることに対する批判が高まらなかった事由については前章で検討したが、「やらせ」批判がされなかった理由としては、一九七四年当時、家族揃ってフィクショナルなテレビ（「テレビとは、そういうもの」として）の世界を楽しむというテレビ視聴（スタイル）が保持されていたことが要因と考えられる。

テレビと視聴者の関係とその社会的・空間的特性は、歴史的なものであり、固有のものではない。日本のテレビと視聴者の関係とその空間的特性については「七〇年代という転換期を間に挟んで、テレビ放送開始後の約二十年とその後の八〇年代以降との間に、大きな構造的変化があったこと」[8]が指摘されている。

〔テレビ放送開始後：引用者注〕二十年の間にみられた、白黒テレビを所有すること、カラーテレビに切り替えること、そして家族みんなが同一の番組を視聴するというテレビの経験は、他の家電製品を購入すること、郊外の団地に住むこと、といったさまざまな文脈ともクロスしながら、自らの生活の向上を実感させ、そして日本社会の「平等化」「平準化」を想像させるにたりる十分な共通感覚をつくりあげるものであった。（略）大きな転換は、「個人視聴」が顕在化し、「選択視聴」が増加するなど、視聴様態の「転換期」と『テレビ視聴の30年』〔NHK放送世論研究所編、日本放送出版協会、一九八三年：引用者注〕が位置づけた一九七二年から一九八一年に訪れる。テレビの低価格化は所有台数の増加をもたらし、また子ども部屋をもつ家の割合が次第に増加したこととも結びついて、家族／家庭という空間を構造化するメディアであったテレビはむしろ個人のパーソナルな空間形成のメディアへと変化する。[9]

一九七〇年代は、テレビというメディアと視聴者の関係性が大きく変化する転換期だった。ただし、七四年は、NHKによる調査で「テレビは家族で話しあう機会を多くした」との回答が五〇パーセントという結果があるように、依然としてテレビは家族の団欒を促進するものとして茶の間に存在した。[10]

「やらせ」批判は〈視聴者共同体〉の動揺と深く関わる社会現象である。欧米のメディア史でも、いわゆるペニーペーパー時代には書き手と読み手が共犯的に「やらせ」記事を楽しんでいて、必ずしも「やらせ」は否定されていなかった。日本で、テレビ批判として「やらせ」が言説的に有効なリソースとなって人口に膾炙していく土壌が生まれるのは、「家族揃ってフィクショナルなテレビ世界を楽しむ」「戦後型のテレビ視聴スタイルの終焉」を迎えた一九七〇年代末から八〇年代はじめにかけてのことである。[11]

オカルト番組の成立を可能にした〈視聴者共同体〉は、オカルト番組成立以降、揺らぎ始める。そして、成立したオカルト番組は、さまざまな問題をはらんでいくことになる。

2――成立後のオカルト番組

▼やらせ番組の元祖

「週刊朝日」のスクープ以降、超能力ブームは急速に下火になるが、テレビは相変わらず〈オカルト〉を出し物にし続けた。[12] チビッ子超能力者が取り上げられることはなくなったが、超能力番組も引き続き放送された。当時について音響ディレクターの木村哲人は、自著で次のように述べている。

私は超能力とUFOが、ヤラセ番組の元祖だったとみる。これもアメリカで人気があった番組を真似たのである。超能力もUFOも日本テレビが皮きりだったが、たちまち各局が真似るようになった。それでも現場の担当者には良心の迷いがあり、『週刊朝日』の超能力批判には神経をとがらしていた。ところが風はテレビの方に味方して吹いた。ほとんどのマスコミが超能力少年を面白おかしくとりあげ、テレビ側に有利な記事を書いたこと、批評家がテレビ批判をしなかったこと、等々がテレビを勢いつけたのである。(略)こうしておずおずと様子を窺ってスタートした『不可思議現象番組』は視聴率という錦の御旗を得て、世界中に題材を求めて遠征するようになった。[13]

一九七四年当時、制作現場には「良心の迷い」があった。オカルト番組の制作では、多かれ少なかれ「やらせ」がおこなわれるからである。しかし、「おずおずと様子を窺ってスタート」したオカルト番組は、やがて「世界中に題材を求めて遠征」するようになる。

一九七四年以降、ユリ・ゲラーの次に注目された海外の超能力者は「ユトレヒトの魔法使い」の異名をもつというジェラルド・クロワゼットなる人物だった。クロワゼットは、七六年五月五日放送の『水曜スペシャル』（NET、十九時三十分―二十一時）に出演し、行方不明の少女を「透視」によって捜索、実際に番組スタッフが少女の遺体を発見したことで大きな話題となった。[14]

放送後、複数の週刊誌がこの番組について報じるが、各誌の論調は一様にクロワゼットの超能力に懐疑的・否定的であり、その舞台裏（クロワゼットの「透視」がなされた状況への疑義、クロワゼットの来日交渉役を務めた中岡俊哉の存在、事件現場の住民たちの「超能力など信じない」というコメントなど）に目を向けた。[15]いずれも、「透視」の成功は「テレビ局の演出となみならぬ熱意が生んだ偶然[16]」という見方を示したのである。

こうした雑誌メディアの反応・論調には、現実に発生した少女失踪事件が超能力（透視）によって解決されたという番組の論理を否定したい心性がはたらいたと読み取れる。ただし、超能力・オカルト番組の是非を問う言説は見当たらない。クロワゼットに関する一連の雑誌記事を見ると、オカルト番組が一ジャンルとして定着し、その内容が「行き過ぎ」と感じられれば雑誌メディアが否定・批判するというメディア空間（構図）が形成されたものと思われる。

翌一九七七年には、「スペシャル番組の〝上げ底〟」を指摘する記事も見られる。以下は、「週刊明星」一九七七年十一月二十七日号掲載「TVスペシャル番組の仁義なきアイデア戦争!!」のリードである。

いま民放テレビ各局の目玉番組といえば、〝スペシャル番組〟。超能力にオカルト、雪男にネッシー、さらに秘境をたずねて何千里……、視聴者を「アッ」と言わせようと、各局とも毎週死に物ぐるいでアノ手コノ手を考え出す。だが、「近ごろ、どうも〝上げ底〟が目立つ。ショッキングなのはタイトルだけ」という声も[17]……。

記事の冒頭、最近のスペシャル番組の〝上げ底〟の例として挙げられるのは、一九七七年十一月十六日放送『水曜スペシャル』である。当日のタイトルは「ルソン島奥地の秘境に首狩り族は実在した!!」、サブタイトルは「無数の頭蓋骨が語る、今なお残る恐怖の奇習!」だが、「宍戸錠を探検隊長とする一行が訪ねたイゴロット族は、もうとっくに首狩りなどやめて、農耕にはげんでいる部族。実際に首狩りを体験したことのある人も一年半前に死んでしまっていて、結局、ブラウン管に「首狩り族」なるものは全く写(ママ)らないのだ!![18]」。

「タイトルは番組のショーウィンドー。だから多少オーバーなのはやむをえないが、しかし、ウソを言っちゃいけない」と言うのは、スペシャル番組の〝元祖〟、日本テレビ『木曜スペシャル』の石川一彦チーフ・ディレクター。「でも、番組が乱立すると、どうしても人目をひくためにタイトルがショッキングになりすぎる。その結果〝上げ底〟になってしまうんだね。それを視聴者に見すかされ、そっぽ向かれるのが一番コワいことだ」（略）〔『水曜スペシャル』の：引用者注〕加藤ディレクターはこう言う。「もう、スプーンを曲げただけでは誰も感心しないんですよ。これからは視聴者を納得させる科学的根拠を説明できないとダメでしょう。UFOだって、ただ飛んでいる光る物体を写しただけではダメ。降りてきて着陸するところを実況中継するくらいでないと…」[19]

「視聴者を「アッ」と言わせよう」という路線を突き進み、〝上げ底〟を指摘されたスペシャル番組（特番）は、ほどなく「やらせ」が公然の秘密となる。

▼「シャレ」と「ツッコミ」と「お約束」

以下は、放送ジャーナリストの野間映児が『水曜スペシャル』でおこなわれた「やらせ」について、「敢えてひどいケースを列挙する」として記した内容を要約したものである。

・「太平洋上に浮かぶ二つの島が地下の洞窟でつながっていた」という海外ロケ企画では、スタッフが実際に現地に行ってみるとそのような島などなかった。仕方なく、スタッフは島内で井戸を探し出し、それをさまざまなアングルで撮影し、編集によってあたかも二つの島が地下道で通じているように番組を作ってしまった。

・「黄金の地下帝国を発見した」というスペシャルでは、馬小屋に黄色いペンキを塗って古代の〝黄金の部屋〟に仕立て上げた。
・「白い蛇が飛んだ！」という回では、塗料を塗った蛇をピアノ線で吊して撮影した。
・角がある蛇のショットは、ワニの背中をアップで撮影し、編集でごまかした。
・原始裸族の回では、わざわざ原始裸族が住んでいそうな家を作って、エキストラにそれふうの格好をさせて撮影した。
・「青森県の恐山にＵＦＯが現われた」というネタでは、シュシュッと音がしてスタッフが口々に「ＵＦＯだ」と叫んだ。レポーター役のタレントは思わずその気になって「ついにＵＦＯをキャッチしました」などと叫んだが、あとから冷静になって考えると、スタッフの「やらせ」に乗せられた気がする——撮影前、しきりに「そっちへ行くな」と言われたのは、スタッフが岩陰にＵＦＯに見せかける花火を隠していたからではないか。[20]

なぜ、これほど「やらせ」がおこなわれるのか。「制作方法に問題あり、と指摘する向きが多い」と野間はいう。「簡単には撮れそうもない極端な設定」を机上で決めてしまい、その「机上のプラン」を「やらせ」で実現するのである。「ひどいケース」に海外の秘境探検企画が多いのは、海外／秘境というロケーションのイメージから現場の状況を無視した極端な「机上のプラン」に傾きやすいことに加えて、大金をかけて現地まで出かけたプロダクションとしては、何が何でも番組を制作しなくてはならない状況に追い込まれるからである。[21]

一九八〇年代に入って、オカルト番組は「やらせ」が公然の秘密となり、そうした番組制作のありように対して批判・抗議する制作スタッフや出演者もいた。[22]一方、「やらせ」があってこそ成立するセンセーショナルな番組のおもしろさを「シャレ」とする態度もあった。

テレビの現場スタッフが愛好（?）するボキャブラリーに〝洒落（シャレ）〟というのがある。落語や漫才などの演芸畑の芸能人が日常的に使っていたのがテレビマンの世界に浸透してきたのである。「シャレ、シャレですよ、そんなにマジに考えないでよ」という具合に使う。つまり、不都合なことや突拍子もないことを仕出かした際に狙いを説明したり弁解したりするために動員される用語である。[23]

「現代最後のロマン」だったオカルト番組は一九八〇年代に至って、送り手が「やらせ」の問題に対して「シャレ」で対抗するようになった、ともいえる。他方、受け手には、「やらせ」と演出の境界をめぐる曖昧さそのものを「笑い」にするような反応が生じた。その初期的な事例として、太田省一は『水曜スペシャル』の「川口浩探検隊シリーズ」を挙げ、次のように論じている。

世間で話題になったのは、カメラの存在だった。たとえば、人類未踏の地といわれる場所に川口浩探検隊が船でいまにも到達しようというとき、映像は、正面からその船の姿をとらえる。とすると、カメラクルーは、もう人類未踏の地にいて、そこでカメラを構えているのでは……

なんなんだそれは？というわけである。

冷静に考えてみれば、このようなことは演出上の効果をあげるためのドキュメンタリーの常套手段として、従来からあったにちがいない。それが世間に気づかれ、そしてまたそれが「笑い」になったという事実である。だがここで重要なのは、それが問題になっている。しかしこのとき、どこまでが演出でどこからがやらせかはあいまいにされたまま、「お約束」ということのほうが優先されたのである。ここで「視聴者」は、そこに作為が入り込んでいるからカメラの存在を糾弾するわけではなく、むしろ「笑い」というかたちでそれを承認する。つまり「視聴者」にとって、そこに全体として「お約束」が踏襲されているのを発見することのほうが、重要なことになる。そのとき、出演者の真剣な言動のすべてが、本人の意図に関係なくボケとして解釈される可能性をもちはじめ、またドキュメンタリーを演出するさまざまな工夫にも、あたかも微妙なボケの要素が潜在しているかのように、観察者の視線で読み取られていくのである。結局ここで、「視聴者」はカメラの目に同調するだけでなく、そのカメラの存在そのものもツッコミの対象にしはじめるのである。[24]

太田が「視聴者」と括弧でくくるのは、一九八〇年に沸き起こったマンザイブームを転機として生じた受け手の変化を「観客」と「視聴者」の交差で捉えるためである。太田は、寄席や劇場にいる「演じ手と空間を共有した集団」（観客）と、テレビの前にいる「演じ手から空間的に切り離され、分散した集団」（視聴者）が、八〇年代以降の日本社会で「それぞれが従来とは異なる存在の様態を獲得し」、どちらも「素朴な受け手であることをやめて、「笑い」を積極的に構成する担い手、「笑い」を評価すると同時にそれをみずから方向づけ、最終的には生産してさえいくような担い手になっていく」[25]と、受け手（観客・視聴者）の変化を捉える。また、八〇年代以降の視聴者にとって「ツッコミ」が意味するところは、漫才の訓練された合いの手ではなく、「笑い」を発見する視線であると指摘する。[26]とすれば、カメラの存在にツッコミを入れる、すなわち、それを糾弾するわけではなく、「笑い」として承認する視聴者とは、別の角度から見れば、真実と虚構の区別を積極的に曖昧にする存在である。

そこでは、真実の正当性が揺らいで虚構が一人歩きするとか、虚構が真実よりも優位になるとかいうようなシミュラークル的状況が現れるわけではない。いかにも適当に、真実と虚構がそれぞれに存立し、ときにはこぜりあいを繰り返しながらも、結局互いに目配せを交わしながらどこかで支え合っているのである。[27]

俳優の川口浩率いる探検隊が遭遇する、極端な「机上のプラン」から演出されたような数々のハプニングにツッコミを入れるにしても、川口の表情はいたって真剣だから、視聴者は川口の姿を捉えるカメラの存在にツッコミを入れるばかりでなく、カメラの目線に同調して感動することもできる。いかにも適当に真実と虚構が支え合う、この曖昧さについて、送り手と受け手の間に取り交わされる暗黙の了解が「お約束」である。

なお、「川口浩探検隊シリーズ」の「お約束」を広く一般に周知させ、社会的に顕在化させた、嘉門達夫のヒット曲「ゆけ！ゆけ！川口浩!!」のリリースは一九八四年六月である。[28]

▼心霊手術、再び

「お遊び」「お座興程度」の〈信じられ方〉をする（と思われる）ところに成立したオカルト番組にとって、ツッコミを入れる視聴者という存在は、一見、従来から存在した受け手／見方のようだが、ツッコミを入れる視聴者が想定されるという事態は、オカルト番組に新たな変化を引き起こす。ツッコミを入れる視聴者は、「お約束」によって、真実と虚構の区別が積極的に曖昧にされることを了承する。そのため、何が、どこまでが、オカルト番組を構成するための演出（シャレ）なのか、わからなくなっていく。こうした一九八〇年代の〈オカルト〉をめぐるメディア状況を把握するために、再び心霊手術に注目してみたい。

フィリピンの心霊手術は、一九七〇年代半ばからツアーが組まれるようになり、七〇年代末には「なんだかんだといわれながらも、相変わらず客を集めているのが、かのフィリピンの〝心霊手術〟らしい」[29]などと報じられるように、一定の被術希望者を集めていた。

一九七八年五月二十八日、イギリスで制作された心霊手術ツアーのドキュメンタリー番組が日本テレビで放送され、話題となる。この番組は、ツアーに取材班が同行して手術の現場を撮影するにとどまらず、調査・取材によって心霊手術の真偽を解明するという内容だった。手術中に衣類に付いた血を鑑定した結果、人間の血ではなく牛に近い動物の血液であったこと、ツアーに参加した患者たちのその後を取材した結果、首に腫瘍があった夫人は死亡し、目の治療を受けた男性は、結局、ロンドンの盲人協会に登録されたことが伝えられた[30]。また同年六月には、心霊手術ツアーに参加した日本人男性（二十九歳）が、手術を受けた二日後に現地の病院で急死していたことが報じられた[31]。それでも、心霊手術ツアーには「毎月百人ぐらいの人が参加している[32]」といわれる状況だった。

一九八三年四月、タレントの天地総子が同年二月にフィリピンで心霊手術を受けたと告白、複数の週刊誌がこれを報じたことがきっかけになり、心霊手術はメディアが再び注目する話題となる。以下は、「週刊平凡」四月二十八日号の記事冒頭である。

「仕事先でも、みんなにからかわれてるんですよ。そんなこと信ずるなんて頭がおかしくなったんだって。ケーシー高峰さんなんか鼻でせせら笑って〝ブー子はいま男がいないからオツムが狂ったんじゃないか〟なんて、もうひどいの。でもねえ、私は実際この目で見て、体験したんだから信じないわけにはいかないんですよ」

駆け出しのタレントならいざ知らず、天地総子といえばＨＮＫ『連想ゲーム』の名司会ぶりなどで知られるベテランタレントさん。その彼女が自らの全人格をかけて「私は心霊手術を受けました」と名乗り出たのだ。インチキと決めつけてしまうには、あまりにもコトは重大である。そして、もし本当に心霊手術でガンが治ったとしたら、医者に見離された人たちにとって、こんなうれしい報せもない。奇跡か、まやかしか、とにかく彼女の話をじっくり聞いてみよう[33]。

乳ガンが疑われた乳房から病因の肉塊を摘出したという天地の体験談は、「週刊平凡」のほか、「プレイボーイ」四月二十五日号（集英社）、「女性セブン」五月五日号（小学館）にも掲載された。これらの記事はいずれも、「現代社会に生きる者にとって、心霊手術は実際に体験してみなければ、にわかに信じられるものではない。現に、動物の臓物を使ったトリックなども、過去にあばかれている」「それでも、心霊手術で難病が治るのなら、現代医学から見はなされた人たちにとって朗報といえるのだが…」[34]というように、否定的情報やコメントを入れながらも、「現代医学で治せない難病から救われている人がいるのも現実だ」[35]と、心霊手術に〈半信半疑〉な立場で報じる。見出し／小見出しに、「あなたは信じる？」「キミは奇跡を信じることができるか？」「あなたは信じますか」と付している点も共通する。

また、三誌いずれも天地を心霊手術ツアーに誘った高嶋象堂（自称「高嶋易断総家理事長」「全日本心霊学会会長」）を取材していて、「プレイボーイ」を除く二誌が、「フィリピンにはヒーラーといわれる人が三百〜四百人いますが、信用できる人たちは五、六人しかいない」[36]という高嶋のコメントを載せている。

一九八三年四月時点に限らず、八〇年代前半の心霊手術に関する雑誌メディアの言説には、心霊手術に否定的ながら肯定的見解を直接的に否定しない表現・構成が共通して認められる。さらにいえば、心霊手術に限らず、概して〈オカルト〉をめぐるメディア言説全般に、このような傾向が認められる。この傾向は、オカルト番組の影響によって生じたのではなかったか。

一九七四年の超能力番組の内部にあった〈半信半疑〉は、人々が超能力（潜在能力というロマン）に抱いた〈半信半疑〉そのものだった。対して、八〇年代のオカルト番組が内部に構築する〈半信半疑〉は、次項で『これが世界の心霊だ！』（フジテレビ）によって確認されるように、あくまでオカルト番組という枠組みで、真実と虚構の区別が積極的に曖昧にされることで成り立つのである。

別言すれば、〈オカルト〉の「ロマン」「謎」を保持するために、〈オカルト〉を否定せず、かつ肯定的見解を直接的に否定しない傾向が生じたのである。それにより、〈オカルト〉の真偽を問う姿勢や真実や現実を追求するという感覚は後退していく。その一方には、〈オカルト〉を信じない〈常識〉がある。この分断は、心霊手術をめぐる言説では、次のように表出する。

> 医事評論家の水野肇さんは、こう語る。「私たちの常識では、考えられないことですね。天地さんが治ったのは、けっこうなことですが、ほんとうに乳がんだったのかどうかは疑問です。それに、治療方法をきめるのは患者自身ですから、どんなことをしてもいいのですが、あくまでも現代医学に忠実であるべきだと思いますね。現代医学以上に信ずるべきものがありますか。こう考えるのが常識ですが、あとは個々の人々の考え方しだいということじゃありませんか[37]」

一九六八年に心霊手術を否定した批判者は、心霊手術を真に受けないよう、そのトリックを指摘した。しかし、八三年では「個人（患者）の意思」（自己の判断）、自己責任に帰着することになるのである。

一九八三年六月一日、深夜のワイドショー『トゥナイト』（テレビ朝日）が、「心霊手術はやっぱりインチキだった」と報じた。レポーターがツアーに参加して、自身で心霊手術を受け、手術中に下着に付いた血と女性患者から取り出された「臓器」を日本に持ち帰って、鑑定した結果、人間の血ではないことが明らかになったと報じた。また、マジシャンがコインを使って心霊手術を再現してトリックを解明するほか、心霊手術ツアーの仕組み（キャッシュ・フロー）を解説するなど、番組は計三回にわたって心霊手術ツアーを告発した。[38]

しかし、ワイドショーの告発によって直ちに心霊手術ツアーの参加者がいなくなることはなかったようである。三年後の一九八六年、フィリピンの心霊手術師が日本に出張して心霊手術をおこない、横浜市の保土ヶ谷署に医師法違反などで逮捕される事件が報じられたが、「週刊文春」によれば、当時なお五つのグループがツアーを斡旋していた。[39]

心霊手術の根強い人気の背景には、「日本の医療の貧困さ」も指摘されたが、体験者の肯定的意見を伝えるメディアの影響も小さくなかった。同誌の取材に対して「ツアーに参加して憤慨している」体験者としてコメントした男性はテレビで、同じく女性は週刊誌で、天地総子の体験談に接したことが参加のきっかけになったという。[40]

『トゥナイト』の告発からおよそ四カ月後、十月十四日放送の『これが世界の心霊だ！3』（フジテレビ、以下、「パート3」と略記）は、心霊手術に動物の臓器が使われていることを確認しながら、そのうえで、なお心霊手術には科学では解明できない謎がある、と放送する。

3——一九八〇年代のオカルト番組

▼『これが世界の心霊だ！3』

『これが世界の心霊だ！』は、一九八三年一月二十七日に「木曜ファミリーワイド」で放送されて以来、八五年までに「金曜ファミリーワイド」（のちに「金曜おもしろバラエティ」）でパート2から6まで制作・放送された。九〇年代に一世を風靡する宜保愛子の出世作でもあり、八〇年代を代表するオカルト特番の一つである。

番組は、取材VTR、スタジオでの実演、特設ステージからの中継によって構成され、「パート3」では、茨城県で発生したポルターガイスト（霊能者が除霊によって現象を解消する）、メキシコの超能力学校、宜保愛子の恒例企画「世界の幽霊屋敷探訪」などとともに、フィリピンの心霊手術が取り上げられた。

「パート3」のオープニング、MC（小川宏）は視聴者に、次のように語りかける。

MC：こんばんは、小川宏でございます。さてあの、現代の科学をもってしましてもですね、なかなかこの解明できない世界中の不思議な現象というものはたくさんございますが、そうしたものを特集で放送しております「これが世界の心霊だ」パートスリーでございます。まぁ私もよくわからなかったんですが、だんだんだんだんこう視聴者の方の反響も増えてまいりまして、そうした不可思議な世界への興味といったものが、だんだんだんだん深まっていくような感じがいたします。テレビをごらんのみなさんも、まぁ、ごらんになっていらっしゃって、本当にこう驚いたり、あるいは不信がったりいたしまして、どうぞ二時間をたっぷりお楽しみいただきたいと思います。

番組が「世界中の不思議な現象」を取り上げるスタンスは、MCの言葉にあるとおり、視聴者に驚いたり不信がったりして楽しんでもらおうとするもので、基本的に番組内で取り上げる「不思議」は否定されることがない。真偽を問うことはせず、「(視聴者の)みなさんはどうごらんになったでしょうか?」といったフレーズで、次の話題へと進行する。

スタジオには円卓が置かれ、MCを中心に上手に女性ゲスト四人ほどが並び、下手に心霊研究家で構成作家の新倉イワオが座り、話題によっては取材ディレクターや取材協力者が、宜保愛子のコーナーでは宜保が、新倉の隣に座る。女性ゲストの役割は「テレビをごらんのみなさん」を代表することであり、驚いたり怖がったりというリアクションが期待されている。

表1は、「パート3」で目の心霊手術を取材したVTR後、スタジオでのトーク部分のトランスクリプトである。ただし、記述を簡潔にするため、音声的特徴を示す記号は省略した。「パート3」の女性ゲストには、常連の生田悦子、山田邦子らのほか、天地総子が心霊手術体験者として出演していた。

ＭＣはトークの始めから、しきりに不信を表明する［01・03・05・11］。このようなＭＣの反応は、この番組では例外的なことである。獣医のコメントＶＴＲ後、［19］「ブタ！」と大きな声で反応したことも、珍しいといえる。

江川ディレクターの［12］にある「ロジャー・デイリー」とは、江川が取材した心霊手術師の名である。つまり、心霊手術師が患者のものだと断言していた目が動物の眼球であったからには、心霊手術師の偽証は明らかである。それでも江川は、［26］「この手術に限っては」と言い、心霊手術のすべてが否定されることを回避しようとする。

オカルト特番という枠組みで、〈オカルト〉は否定されないという「お約束」からすれば、［35］「あるいはニセモノ」という推理（一九六八年にトニーが語り、八三年には高嶋象堂などが語っていた反論）が持ち出されることは、視聴者にとって意外なことではなかったかもしれない。あるいは、オカルト特番は〈オカルト〉を否定できないと仮定するならば、「パート3」は心霊手術のトリックを正面から指摘することで、番組なりに、可能なかぎり心霊手術を否定し、視聴者に注意を促した、といえるのかもしれない。

しかし、送り手（放送局・制作者）の意図がどうあれ、受け手（個々の視聴者）の反応は常に別にある。送り手は、「世界中の不思議な現象」を出し物とするため、すでにトリックが暴かれて「不思議」ではない現象（心霊手術）を「不思議」と演出するために積極的に肯定（心霊手術師を擁護）したにすぎないという認識だったとしても、治療が困難な病気に悩む者やその家族であれば、インチキもあるというからにはホンモノもあるかもしれないと、心霊手術に期待を抱いたとして何の不

表1　1983年10月14日放送 フジテレビ『これが世界の心霊だ！3』[スタジオトーク]

01	MC	(あー) なんか、邦子さんがいま、いまはいいか、さっき、こんなこうやって（こう)、怖いもの見たさって感じで見てましたけどね。どうですか？　あれ生田さん、信じられますか？
02	生田	だって、ホントでしょ？　だから…［ね］。
03	MC	＝［ええ］ただボクはね、たった（あの）3分くらいで手術が終わったってのはね、どうも解せないわけですよ。
04	生田	＝だけどそんなにゆっくりやってたら、逆にいけないんじゃないんですか？　はやく［しないといけない］。
05	MC	＝［はやくしないといけない］それはわかるんですけどねぇ。それにしても3分、ですよねぇ。(まぁ) あの、実際にフィリピンに取材に行きました江川ディレクターでございますが、江川さんね、本当に3分なんですか、あれは。
06	江川D	＝うん。あの実際時計をもってはかったわけじゃないんですけども。
07	MC	＝ええ、だいたい。
08	江川D	もうほとんどの手術が、(えー) 1分以内なんですね。
09	MC	＝そうですか。
10	江川D	そのなかでも（まぁ）目玉がいちばん大変だったんでね、3分ていうのは、長いほうの手術でした。
11	MC	(はあはあ) でもあれ、本当にですね、なんか疑い深いですから、あの目玉というのは患者の目玉なんですか、出てきたのは。
12	江川D	＝それを私たち何回もね、ロジャー・デイリーに確認したんですけどもね、本人は（まぁ）くどいようにですね、これは絶対本人の目玉なんだと、(こう) いうわけですね。
13	MC	へえー。
14	江川D	しかしその…、われわれ撮りましたけどね、実際（その）本当かどうかというのをやはり確認したくて、日本のほうに帰ってきまして、このVTRをですね、(まぁ) 日本の大学の教授の方々に見てもらったわけです。(まぁ) そうしましたらば、実際はこの目玉はですね、人間の目ではないだろうっていう、(まぁ) 意見なんですね。
15	生田	なんの目ですか？

16	江川 D	＝ええ。そこでね、人間の目じゃないとしたら動物の目だと、いうことで、専門の今度は獣医の先生に見ていただいたわけですよね。
17	MC	（うぅーん）
18	江川 D	その VTR がありますので、ちょっとそれを見てください。
(VTR／30秒)		【獣医のコメント（要旨）】: 断定はできないが、豚の目ではないか。
19	MC	ブタ！
20	江川 D	ええ。そういうふうにおっしゃるわけですね。
21	MC	はあぁ。
22	江川 D	なぜそれが（まぁ）人間の目じゃないかといいますと、あの手術中の目が瞳孔が開いてるんですね。よーく見ますとね。それから、あとほかに（その）白目と黒目の割合が、やはり人間のものとはちょっと違うっていうんですね。それから、人間の目にしてはですね、全体的に（その）大きすぎると、やっぱりこれは動物の目じゃないかと。それから、（まぁ）人間の目というのはまん丸なんだそうですね。ですけど、あれは少し紡錘形をしていて、ちょっと（その）形も疑わしい。それから、途中こう指で押してましたね。あれも人間の目はへこまないらしいんですね。ですからやはり、これは死んだ目じゃないかというのが、（まぁ）獣医の先生（の）同じ意見だったわけですね。
23	MC	＝［ううぅん］と、実際には（あの）患者の目は取り出してない、なくて、なくて、実際はその動物の目を持ってて、それを取り出したふうに見せたという。
24	江川 D	＝それ…
25	MC	＝トリックですか？
26	江川 D	＝それしか考えられないですね。まぁ、この手術に限っては［ですね］
27	MC	＝［あぁ］この手術に限っては。
28	江川 D	ただしその、専門の先生方もですね、現場に行って。
29	MC	＝見てない。
30	江川 D	＝自分の目で見てないから、はっきりとした結論は出せないけれども、99.9パーセント違うんじゃないかしらと、（こう）言ってますね。
31	MC	＝でも実際に天地さんはですね、向こうに行ってらっしゃって、（まぁ）これとは別なんですけれども、乳がんのほうの心霊手術受けられた身としては、いまのごらんになっててどうですか？

32	天地	＝そうですね、私も現場で見たわけじゃないので、あくまでもこのー（ね）VTRで見たかぎりでは、なんかやっぱり本当のような気もするんですけども［ね］。
33	MC	＝［はいはい］
34	天地	ただ、そのVTRを見てウソだホントだというよりも、やはり現場へ行ってね、確かめて、ホントかウソかっていうのはね、確認したほうがいいんじゃないかなって気がするんですけれども。
35	MC	まぁ数多くいらっしゃるんで、そのなかには、あるいはニセモノというんでしょうか、そういう人も。
36	新倉	＝どんな世界にも［いますからね］。
37	MC	＝［いますからね］それは考えられる。
38	新倉	＝それはもう十分考えられる。ですから、よほど注意して行かないと［ということだと］。
39	天地	＝［そうですね］それはぜひ、それだけはもうね。
40	MC	（ううぅ〜ん）。江川さん、どうですか？
41	江川D	そうですね、あのぅ、実際にこうやって血を出したり臓器を出したりっていうのは、（もう）心霊手術師の過当サービスじゃないかなって思うんですね。つまりそういうことまでしないと、患者さんに納得してもらえないんで、そこまで見せてしまう。実はでもその一歩手前にですね、こう手で、こうパワーを入れているようなところがありましたね、ああいうところでですね、1つの効果があって、病は気からっていいますけどもね、そういう部分の効果っていうのはあるんじゃないかなっていうふうには、（まぁ）私たち取材しては、思いましたね。
42	MC	＝なるほど（はぁぁぁ）。新倉さん、そのへんはどうですか？
43	新倉	＝私もいま江川さんがおっしゃったように、ここまで〔*胸に手を当てる〕の効果は100パーセントございます。それは病気次第ですけど。
44	天地	車椅子で行った方が帰りに歩いてらしてね、ですからそういう、ガンもみんなね、重症の方がいらして（まぁ）治って帰ってくるっていうのはなんかすばらしいなと思うんですね。
45	MC	＝なるほどね。
46	天地	＝治んない方ももちろんね、いらっしゃいますけど。
47	新倉	＝それやって帰ってらしていまなお元気でいらっしゃる方が、目の前にいらっしゃるから、私は（その）否定［できない］。

48	MC	＝［できない］
49	新倉	＝それでいまみたいなの拝見するとまた、さて、ってこう［なるっていう］。
50	MC	＝［なるほど］、うぅ〜ん。これはテレビごらんのみなさんも（こう）分かれますね。
51	新倉	そうですね。
52	MC	（いや）肯定したいけどちょっと否定してみたりして。
53	江川D	この目で見てきてもやっぱりまだ。
54	MC	＝そのへんが謎めいてるし、医学と科学で解明できない部分でもあるんでしょうけどね。
55	天地	そうですね。
56	MC	さて、次はですね【以下、省略】

記号凡例：・［　］は前後で会話が重なっている部分
・(　)内は言語以外の発声に類するもの
・＝は直前の会話に間髪を入れず次の会話が始まったことを示す
・〔*　〕は動作の補足説明

思議があるだろうか。

動物の血や臓器を見せるのは［41］「心霊手術師の過当サービス」ではないかというが、これはオカルト番組から心霊手術師への、まさに「過当サービス」ではなかったか。一九九六年のことになるが、三重県四日市市で心霊手術をおこなっていた日本人女性とその助手の二人が詐欺の疑いで逮捕された。調べに対して心霊手術師はトリックを認めたが、「私は、自分の指の力で病気を治している。ブタの血は、患者に信じさせて治療効果を高めるための演出だ」[41]と釈明したという。

一九八〇年代のオカルト番組が内部に構築する〈半信半疑〉は、あくまでオカルト番組という枠組みで、真実と虚構の区別が積極的に曖昧にされることで成り立つ。具体的に「パート3」に見てきたとおり、番組が〈オカルト〉を肯定する言説は「医療の妨害」「非常な実害」

を招く恐れが認められるほどに積極的だった。しかし、八〇年代に、オカルト番組に対する批判・非難は起こらなかった。

▼フィクショナルな〈オカルト〉

新聞のテレビ欄を通覧するかぎり、一九七〇年代に比して八〇年代はオカルト番組の放送回数が増えている。しかし、八〇年代の新聞・雑誌にオカルト番組に対する批判は見当たらない。

オカルト番組は〈オカルト〉を積極的に肯定することで「謎」「不思議」を演出し、〈半信半疑〉を構築する。視聴者は、オカルト番組にツッコミを入れながら楽しむ（遊ぶ）。この暗黙の了解がマスコミュニケーションで想定されると、〈オカルト〉が積極的に肯定されても「お遊び」「お座興程度」の〈信じられ方〉をする（と思われる）ことになる。したがって、オカルト番組批判が起こらなかったと考えられる。オカルト番組へのツッコミは、〈オカルト〉／番組を批判・否定するのではなく、〈オカルト〉をフィクショナルなものとして許容する回路を開く。

〈オカルト〉をフィクショナルなものと見なす、その眼差しの背後には、一九七四年のオカルト番組（超能力番組／オカルトブーム）の記憶もあることだろう。オカルト番組を成立させた「軽やかで明るい一体感」が想起され、そのパロディーとしてオカルト番組を見るならば、〈オカルト〉が積極的に肯定されても、それはフィクショナルな見せ物に見える。

しかし、オカルト番組を一九七四年のパロディーとして視聴者がツッコミを入れながら見ていたのだとしても、〈オカルト〉が積極的に肯定される演出を問題なしとはいえない。過去の記憶は、新たな経験によって変化・消失するものである。ツッコミを入れる視聴者は、「お約束」によって、真実と虚構の区別が積極的に曖昧にされることを承認するが、そのために、オカルト番組は、何が、どこまでが「お遊び」「お座興程度」でありうる演出（シャレ）なのか、わからなくなっていく。

注

（1）引用の手記（中山千夏「スプーンを曲げた時代から」上・下、金曜日編「週刊金曜日」一九九六年一月二十六日号・二月二日号、金曜日）は、オウム真理教事件の後、「回顧と反省」として記述されたものだが、ここでは中山が回顧する一九七四年の超能力番組だけに注目する。

（2）前掲「スプーンを曲げた時代から」上、三七ページ

（3）前掲「〝超能力実験〟を見た人たちの反応は」二五―二六ページ

（4）渡辺武達『テレビ――「やらせ」と「情報操作」新版』三省堂、二〇〇一年、一七六ページ

（5）前掲「スプーンを曲げた時代から」上、三六ページ

（6）同論文三六ページ

（7）前掲『テレビ』一七七ページ

（8）伊藤守「テレビジョン、オーディエンス、メディア・スターズの現在」、伊藤守／藤田真文編『テレビジョン・ポリフォニー――番組・視聴者分析の試み』（Sekaishiso seminar）所収、世界思想社、一九九九年、二七六ページ

（9）同論文二七七―二七八ページ

（10）一九七〇年時点で、テレビは「ひとりだけで見るほう」は二一パーセントにすぎず、「どちらともいえない」が八パーセント、「ほかの人といっしょに見るほう」が七一パーセントと圧倒的に多い。七七年には「ひとりだけで見るほう」二六パーセント、「どちらともいえない」一三パーセント、「ほかの人といっしょに見るほう」は六一パーセントに減少するが、これらのデータから、七四年で個人視聴は二割程度と推定される（白石信子／井田美恵子「浸透した『現代的なテレビの見方』――平成14年10月「テレビ50年調査」から」、NHK放送文化研究所編「放送研究と調査」第五十三巻第五号、日本放送出版協会、二〇〇三年、三一ページ）。

（11）田所承己「テレビにとって〝やらせバッシング〟とは何か――「やらせ問題」のテレビ史的意義」、長谷正人／太田省一編著『テレビだョ！全員集合――自作自演の1970年代』所収、青弓社、二〇〇七年、二二四、二二七ページ

（12）たとえば、テレビ欄からは、以下の番組を拾うことができる。六月五日『特ダネ登場!?』で「霊に予言させる女霊媒!!」、六月十日『11ＰＭ』（日本テレビ）で「挑戦！超能力は実在する」、六月十九日『特ダネ登場!?』（日本テレビ）で「怪奇特集」、六月二十六日『スタジオ23』（ＮＥＴ）で「超能力外人演技特集」、七月十二日『金曜スペシャル』で「恐怖！悪霊と怪奇の世界・あなたは一時間正視できるか」、七月二十五日『木曜大特集』（フジテレビ）で「㊙ノストラダムスの大予言」、七月二十九日『11ＰＭ』で『怪奇ナンセンス特報 超能力・幽霊・空飛ぶ円盤、結婚式に現れた幽霊！」、八月一日『木曜スペシャル』（日本テレビ）で「怪奇大行進！恐怖の90分！フランケンシュタインからノストラダムスまで」、八月二日『テレサＧ』（ＴＢＳ）で「真の予言かＳＦか？ノストラダムスの大予言」、八月五日『11ＰＭ』で「実録！大予言！あなたは生き残れるか」、八月七日『お昼のワイドショー』（日本テレビ）で「あなたの知らない世界」、同日『世界ビックリアワー』（東京12チャンネ

ル）で「狂宴！悪魔祓いの儀式」、八月十四日『奥さま8時半です』（ＴＢＳ）で「幻の怪獣ツチノコ」、など。
(13) 木村哲人『テレビは真実を報道したか――ヤラセの映像論』三一書房、一九九六年、一三四ページ
(14) 番組はネット八局で放送され、ニールセン調査速報で三〇・五パーセントの視聴率を記録した（文藝春秋編「週刊文春」一九七六年五月二十日号、文藝春秋、一二八―一二九ページ）。
(15)「〝クロワゼットの奇跡〟でまたメシのタネができた「オカルト名士」たちの鼻息」、前掲「週刊文春」一九七六年五月二十日号、「「奇跡の予言」に水をさす「美和ちゃん発見現場」三日前のこういう事実」、新潮社編「週刊新潮」一九七六年五月二十日号、新潮社、「行方不明事件を解決したオランダの〝超能力捜査官〟の気味悪さを徹底分析する――連休列島をアッといわせたクロワゼットの透視力の〝不透明〟部分」、小学館編「週刊ポスト」一九七六年五月二十一日号、小学館、「クロワゼットのナゾを裸にする――超能力で「遺体発見」ＴＶ局のひとりよがり？」」、朝日新聞社編「週刊朝日」一九七六年五月二十一日号、朝日新聞社、「ホンモノかインチキか　クロワゼット氏の超能力」、読売新聞社編「週刊読売」一九七六年五月二十二日号、読売新聞社、「警察を怒らせた〝クロワゼット氏予言事件〟の真相と世界の超能力者ベスト5」、扶桑社編「週刊サンケイ」一九七六年五月二十七日号、扶桑社
(16) 前掲「週刊朝日」一九七六年五月二十一日号、一六ページ
(17)「ＴＶスペシャル番組の仁義なきアイデア戦争!!――ＵＦＯ、ネッシー、超能力はもう古い…次に出るものは？」「週刊明星」一九七七年十一月二十七日号、集英社、四五ページ
(18) 同記事四六ページ
(19) 同記事四六ページ

(20)野間映児「腐蝕TV界の内幕 NTVだけでないヤラセ番組の実態――ヤラセをシャレで片付けるな」「創」一九八二年十月号、創出版、一七〇―一七一ページ
(21)同論文一七〇―一七一ページ
(22)「テレビ業界では「水曜スペシャル」のヤラセ演出はつとに有名で、「あの番組に関わると駄目になる」ということで、カメラマンや構成作家などのあいだから最近〝水スペ〟忌避の気運が盛り上がっているという」。また、「「水曜スペシャル」のあまりのインチキぶりに怒っているタレントもかなり居て、ホームドラマの父親役が多いインテリ俳優Kなども、かつて同番組の司会を担当しているときに局に抗議してやめている」(同論文一七一―一七二ページ)。
(23)同論文一六八ページ
(24)太田省一『社会は笑う――ボケとツッコミの人間関係』(青弓社ライブラリー)、青弓社、二〇〇二年、一一七―一一八ページ
(25)同書一五ページ
(26)同書一四ページ
(27)同書一一八ページ
(28)嘉門達夫オフィシャルサイト(http://www.sakurasakuoffice.co.jp/kamon/pc/discography.html)[二〇一八年十二月十日アクセス]
(29)新潮社編「週刊新潮」一九七八年一月二十六日号、新潮社、一七ページ
(30)「週刊女性」一九七八年六月十三日号、主婦と生活社、一四四―一四六ページ
(31)新潮社編「週刊新潮」一九七八年六月二十二日号(新潮社)、一九ページ、光文社編「女性自身」一九七八年七月六日号(光文社)、一三六ページ、ほか。

(32)前掲「女性自身」一九七八年七月六日号、一三六ページ
(33)マガジンハウス編「週刊平凡」一九八三年四月二十八日号、マガジンハウス、四〇ページ
(34)「女性セブン」一九八三年五月五日号、小学館、四四ページ
(35)同誌四四ページ
(36)前掲「週刊平凡」一九八三年四月二十八日号、四二ページ、前掲「女性セブン」一九八三年五月五日号、四四ページ
(37)前掲「女性セブン」一九八三年五月五日号、四四ページ
(38)「週刊明星」一九八三年六月十六日号、集英社、二八―二九ページ、光文社編「女性自身」一九八三年六月二十三日号、光文社、一九三―一九五ページ
(39)文藝春秋編「週刊文春」一九八六年五月八日号、文藝春秋、三六ページ
(40)なお、記事には以下の記述があることを付記しておく。「『許せない』といわれた天地総子さんは、どう答えるか。事務所側は、『かつて肯定的な発言をしたために、世間の方を迷わせてしまいました。この件に関しては沈黙を守らせて頂きます』と神妙である」(同誌三七ページ)
(41)朝日新聞社編「週刊朝日」一九九六年十一月十五日号、朝日新聞社、一六六ページ

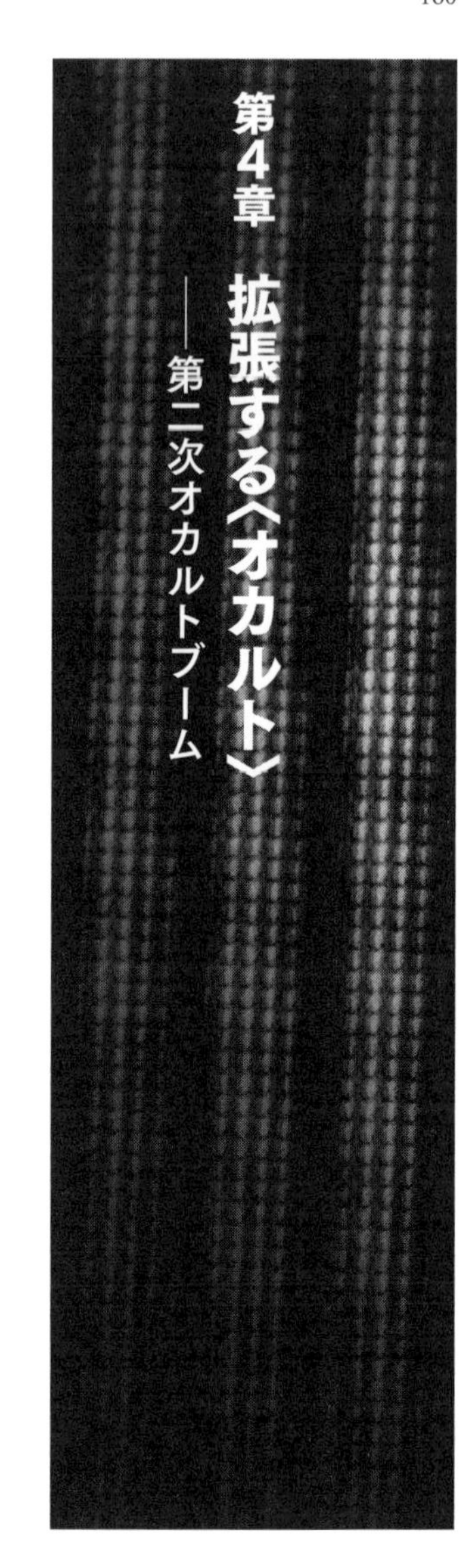

第4章　拡張する〈オカルト〉
——第二次オカルトブーム

一九八〇年代のオカルト番組は〈オカルト〉を積極的に肯定し続けるも、テレビ／番組批判は起こらなかった。したがってオカルト番組に関する雑誌記事は、およそ番組紹介（告知）に限られるが、そうした記事にも八〇年代オカルト番組の特徴が反映されている。以下は、「パート3」の第一弾にあたる特番を告知する記事のリードである。

> 科学万能の世の中とはいえ、科学や常識では割り切れない世界がこの世に存在する（らしい）。霊の世界もそのひとつ。で、フジTV『木曜ファミリーワイド』では、一月二十七日『世界心霊ドキュメント／霊界への招待』のサブタイトルで、霊界との遭遇の模様を放送する。以下は取材スタッフの、信じがたい恐怖体験ドキュメント。ゾクッ[1]。

記事（本文）では、番組の取材内容を紹介するとともに、取材中にスタッフが遭遇したという不思議な出来事を伝え、「取材後、スタッフの関係者に発病者や入院する人が続出。目下、スタッフルームでは線香をあげて霊を慰めている。記者もスタッフにすすめられ、線香をあげて祈った次第」と締めくくる。記者は、「…らしい」「…だという」「…そうだ」と、あくまでスタッフの言を伝え、特に茶々を入れるような記述はないが、本文・見出しとは別に、ページの隅（欄外）に太字で、次の一文を記している。

▼霊能力者に、この番組がどのくらい視聴率が取れるか聞いてみればよかったのに。「ギャラに比例します」なんて言われたりして……(2)

オカルト番組を紹介する記事もまた〈オカルト〉を否定せず、記事（本文）から空間的に切り離された位置からツッコミを入れるのである。オカルト番組へのツッコミは、〈オカルト〉／番組を批判・否定するのではなく、〈オカルト〉をフィクショナルなものとして許容する回路を開く。

なお、オカルト番組の制作現場で不可解な出来事が生じる、あるいは関係者が不幸に見舞われる（おおむね、発病者や死者が出る）というウワサ／「実話」とされるエピソードを伝える記事は、一九七〇年代後半に始まり、八〇年代には特に珍しいものではなくなる。しかし、スタッフルームの線香は、はたしてシャレ（演出）なのか本気（信心）なのか――オカルトブーム以降、〈オカルト〉

は否定されることなく、虚実ない交ぜに、実に曖昧な表現を重ねながら増幅し、第二次オカルトブームへと接続していく。

前章では、オカルトブーム以降のオカルト番組（内）の展開をたどったが、本章では、まず、オカルトブーム以降のオカルト（「精神世界」、ニューサイエンス）の展開を把握し、次に、一九八六年に起こった〝テレビ幽霊〟騒動を事例として、この騒動を取り上げる雑誌（週刊誌）メディアのフレームがオカルト番組のそれと相似形であったことを確認する。そのうえで、九〇年代のオカルト番組が、その構成上、番組の内部に〈半信半疑〉を構築することが不可能になる経緯を描出したい。

1――〈オカルト〉と「精神世界」

▼「精神世界」

一九六〇年代に欧米の若者の間で広まった対抗文化（カウンター・カルチャー＝現状の社会体制や価値・規範に異議申し立てをする社会・文化運動）のなかで、人間に内在するスピリチュアルなものを重視し、「意識変容が社会変革につながる」と主張する人々（ドラッグによる意識変容の試み、性の解放を目指すなどの実験的な共同体など）を源流の一つとして、七〇年代以降、「ニューエイジ」と呼ばれる社会・文化運動が広がりを見せる。(3)

ニューエイジは、アメリカ西海岸、カリフォルニアから発展する。カリフォルニアは、二十世紀初頭にオカルトの地として認知され、世界中のオカルティストが集結した。その後、一九六〇年代のヒッピー文化を経て、七〇年代に始まるニューエイジ・ムーブメントによって新たな精神文化を発信するが、その起源には、かつてこの地に本部を置いた、神秘性を基盤とする神智学、実理性を重視するニューソートがある。さらに、東洋系の新宗教運動や人間性心理学の影響も加わり、カリフォルニアでは多種多様な精神文化が生み出された。[4]

ニューエイジ・ムーブメントに影響を受けて、一九七〇年代後半以降に日本で発展したのが「精神世界」と呼ばれる現象である。「精神世界」の語は、七八年に東京の大型書店で「〈瞑想の世界〉特集・精神世界の本」と題したブックフェアが開催されたことを一つの契機として一般に広がったといわれている。八〇年代前半の段階で大型書店に「精神世界」のコーナーが常設されるようになり、それに呼応して、このジャンルにふさわしい本の翻訳や執筆が増える。また、伝統仏教や新宗教にくくられにくい日本の神秘主義が再発見され、「精神世界」の一部として位置づけられるようになる。[5]七〇年代後半からの「雑誌「地球ロマン」（絃映社）や「迷宮」（迷宮編集室）、または八幡書店の出版物に代表されるような偽史・霊学・霊術・催眠術への関心の惹起、または大陸書房、徳間書店が牽引した超古代史ブーム、八〇年代末期の古神道への注目といった、日本的オカルティズムの系脈が浮上[6]」する。

一九八〇年代半ばの時点で「精神世界」は多くの支持者を獲得するが、それはあくまで主流文化と境界を隔てた下位文化（サブカルチャー）としての広がりだった。しかし、八〇年代末以降、各種のニューエイジ系セラピーが日本で開催され、ニューエイジが書物からの知識としてだけでなく、たとえば「気づきのワークショップ」などを通じて知られるようになっていく。自己啓発セミナーが多くの受講者を獲得するのはこの頃で、九〇年代半ば以降になると、ヒーリングや気づき、自分探しなどをキーワードとする書物やセミナー、ワークショップが社会一般に広く浸透するようになる。[7]

一九八〇年代後半から九〇年代初頭の「精神世界」関連の雑誌記事を検討した一柳廣孝によれば、「一九九〇年から九一年ごろには、雑誌メディアは「精神世界」の受容を完了していた」。[8] 同時期にあった「テンカワ・ブーム」は、「精神世界」がファッション誌や女性誌に入り込む契機になると同時に、二〇〇〇年代にブームとして社会現象化する「パワースポット」に連なる聖地観を示し始めていた。以下は、女性誌「クリーク」一九九一年五月五日号からの抜粋である。

天河神社、正しくは天河弁財天社は、千三百五十年の歴史を持ち、日本三大弁天（厳島、竹生島）のひとつといわれている。八九年の大規模建て替えの完成時に、奉納演奏として、ブライアン・イーノ、細野晴臣、宮下富美夫、北島三郎らが、能楽、雅楽の演奏者と共に参加して、話題を呼んでから、いっそう「あそこには特別の気のエネルギーが流れている」という噂が、伝わっていった。宗教学者の中沢新一さん、マンガ家の美内すずえさん、ベルリン・フィルのメンバー、それに多くの芸能人、音楽家にも、ここのファンは多い。（略）ここを訪れて、その大地のリズムとのコミュニケーションを通じて、不思議でゆったりとした気持ちになり、からだのすみずみまですっきりした気分になって、ある人は、そこで新たなインスピレーションを得る。天河はそういう場所のようだ。[9]

なお、見出しは「大自然を前に、目を閉じ、〝気〟を感じてみる。大地の鼓動（リズム）に包まれている自分に気づく」。雑誌メディアは一九九〇年から九一年頃には「精神世界」の受容を完了するが、この「精神世界」ブーム／一般化を下支えしたのがニューサイエンスである。

▼ニューサイエンス

大衆的な文化現象としての一九七〇年代のオカルトブームは、ある意味で表層的な断片・パーツの集積として顕在化していた。ＵＦＯから超能力、心霊現象、予言、ホラー映画などの流行は、必ずしも相互に関係しているというわけではない。しかし、それらのパーツに内在していた水脈は、ニューサイエンスの登場によって明確な思想運動の形を取り始める。[10]一柳は、「一九八〇年代におけるニューサイエンスの流行は、科学の名の下に「精神世界」の理論的基盤として機能することで、九〇年前後に台頭してくる精神世界ブームを支える土壌となった[11]」と指摘する。

ニューサイエンスについて雑誌メディアがこぞって取り上げ始めるのは、一九八五年以降である。[12]八五年に、読売新聞社文化部（当時）の増永俊一は次のように述べていた。

わが国でニュー（エイジ）サイエンス[13]への関心が高まってから、まだ二年たっていない。Ｆ・カプラの「タオ自然学」、Ｌ・ワトソンの「生命潮流」（いずれも工作舎）が刊行されたころは、まだうさんくささを感じていた。それがアメリカやヨーロッパの大きな反響を知り、「現代思想」の「ニューサイエンス」特集やK・ウィルバ編著『空像としての世界』（青土社）の刊行が、一つの契機となった。[14]

ニューサイエンスに対する論説が雑誌メディアに登場する契機の一つになったのは、一九八四年十一月六日から十日にかけてフランス国営文化放送と筑波大学の協力で開催された日仏協力筑波国際シンポジウム「科学・技術と精神世界」である。このシンポジウムは、七九年にスペインで開かれ、デヴィッド・ボーム、フリッチョフ・カプラ、カール・プリブラムといったニューサイエンスの旗手たちが登壇して新しいパラダイムの出現を強く印象づけた「科学と意識」国際シンポジウムを継承したもので、新聞でも報じられ、多くの反響を呼んだ。[15]ただし、このシンポジウムに参加した外国の学者の反応は微妙だったらしい。増永は次のように述べる。

日本のニューサイエンス支持者の中には、超能力、オカルティズムとの混同により、〝魔境〟に入っている者がかなりいることを、外国の学者は見ぬいていた。それに科学者であって、精神の世界にも関心の深い学者が少ないことも問われたように思う。[16]

同時期、翻訳家の田中三彦は「日本においてニューサイエンスが主に科学の専門家以外の者に歓迎され、伝統的科学者がその傾向を危惧する構図は、年々強まっている」[17]と看取し、次のように論じていた。

ニューサイエンティストたちは科学的と神秘的、合理的と直観的、競合的と協力的、分析的と統合的、断片的と全体的、男性的と女性的のように、相対する二つの活動のバランスの回復を主張する。（略）そしてこうした主張が、世界的にエコロジー運動、フェミニズム、ヘルスケアなど、市民や女性を中心にした運動の理論的支柱になりはじめていることも、注目しなければならない。むろん、ここでもそうした動きをファッション的とみる向きも多い。が、今後ニューサイエンスをめぐる議論は、科学哲学的領域からこうした運動の問題とかかわる領域へと移っていくことは確かなようだ。[18]

一九七〇年代のアメリカでニューエイジサイエンスと呼ばれたムーブメントは、八〇年代の日本でニューサイエンスとして流行し、「精神世界」の流行／一般化に寄与すると同時に従来の〈オカルト〉を更新・再生させる。ここに、第二次オカルトブームと呼ばれる状況が出来する。

▼第二次オカルトブーム

コックリさんが再びブームになっている。〈キューピッド様〉〈星の王子様〉などと新しい名前を冠され、少女たちの間で恋愛や前世を占うために大はやりだという。（略）映画『大霊界』のヒット、オカルトコミックの流行や噂話の流布とあわせて、世間は「第二次オカルトブーム」がやってきたと騒いでいる。[19]

「プレイボーイ」一九九〇年十一月号の特集「発光する神秘ブームを捉まえる」のなかに、ジャーナリストの有賀訓による「世紀末日本オカルト・グラフィティ」と題した見開き二ページの記事がある。「ここ二十年間における不思議グラフィティにノミネート可能な事象件数は、予想以上に膨大」で、「今回は年次順にほんの〝さわり〟の部分だけをピックアップして上記イラストにまとめてみた」という誌面は、上段三分の二をイラストが占める。その内容を箇条書きすると、次のようになる。

一九七〇年　幻獣ブーム（そのきっかけはツチノコだった！）
一九七四年　第一次超能力ブーム（イスラエル人の超能力者ユリ・ゲラー来日）
　　　　　　こっくりさん（まんが『うしろの百太郎』『恐怖新聞』が再燃させた！）
　　　　　　ノストラダムスの大予言
一九七六年　第一次UFOブーム（日本全国でUFOが目撃された！）
一九七九年　口裂け女
　　　　　　天中殺（和泉宗章）
一九八一年　ヨガ、瞑想ブーム
一九八二年　人面犬初登場

一九八三年　第二次ＵＦＯブーム（きっかけは映画『未知との遭遇』『Ｅ．Ｔ．』）
　　　　　　第二次超能力ブーム（清田益章）
　　　　　　ピラミッドパワー（潜在能力を引き出す！→八四年ヒランヤ）
　　　　　　富士山大爆発説（九月二十六日：結局、何も起こらなかった）
一九八四年　四柱推命
一九八六年　ハレー彗星
一九八七年　大霊界ブーム（丹波哲郎「諸君！死んだらどうなる!?」）
　　　　　　大殺界ブーム（細木数子の六星占術）
一九八八年　第三次ＵＦＯブーム（ホワイトハウスにはＵＦＯ、Ｅ．Ｔに関する秘密情報が…）
　　　　　　おまじないブーム（原宿の「占いの館」に小・中・高生の行列ができる！）
一九八九年　気功ブーム（健康ブームに乗って「気」が注目される！）
　　　　　　Ｍｒ．マリック登場（→九〇年ハンドパワー）
　　　　　　ソ連でもＵＦＯ出現（十月九日、ソ連タス通信がＵＦＯ報道）
　　　　　　人面犬再出現
一九九〇年　人面魚出現（九〇年は人面ブーム）
　　　　　　学校霊花子（学校の奥から三番目のトイレにいる!?　小学生の間でハヤる）
　　　　　　前世当て占いブーム（「あなた［明石家さんま］の前世は、かまいたちです！」）

有賀は、以上の「ほんの〝さわり〟」だけでも「十分に多くの不思議たちが今、明らかに成長の限界点を迎え、まったく新たな方向へと変質を遂げつつあることが実感されてならない[20]」と指摘する。

UFOについても、昨年からペレストロイカ進行中のソ連領域をブンブンと飛び回り、その実在を既成事実として受けとめる人の数は、国内・国外を問わず増加の一途をたどっている。Mr．マリックの登場も、日本のオカルトシーンに絶大な価値観の転換をもたらしたといえる。過去十五年来の超能力是非論争を超越し、タネや仕掛けがあろうがなかろうが、超能力すなわちエンタテイメントという一般認識が定着化してしまった。（略）かつて七〇年安保闘争の挫折と、実存主義の限界性に直面したニューエイジたちの多くが、新たな精神のよりどころとして注目したのが、底知れぬロマンと不可解さに満ちた神秘主義の新天地であった。だが、二十年の歳月を経て、どうやらかつての新天地と現実世界の位置関係は、丹波先生も説くところの〝地続き〟と化してしまった観がある。[21]

「底知れぬロマンと不可解さに満ちた新天地」＝〈オカルト〉と現実世界が〝地続き〟と感じられるようになった背景には、ニューサイエンス、「精神世界」の流行がある。この潮流に呼応してオカルト番組も変化するが、大きな変化は一九九一年にもたらされる。以下は、「週刊テーミス」一九九〇年四月十一日号掲載「UFO・オカルト・超能力　TVミステリー特番の怪しい舞台裏」の抜粋である。

「ケネディ元大統領を暗殺した真犯人は、宇宙人と手を組んだ米国政府だった！」
　こんな記事が新聞のトップを飾れば、それこそ世界中が大パニックになりかねない。でも、このような見出しが載るのは、新聞の中でもテレビ欄。もちろん視聴者だってこんなこと、頭から信じてはいない。くだらない……と知りながらもついつい見てしまう。今またテレビ界では、UFOや超能力ブーム。各局も新しいUFO、超能力番組を制作するのに、日夜しのぎを削っている。（略）「スタッフの大部分は信じてないですよ。それは視聴者も同様で、お互い暗黙の了解があるのではないですか」（日本テレビA氏）（略）でも、ミステリー特番を組めば視聴率が五倍以上にアップするのだから、テレビ局としてはやめられない？[22]

〈オカルト〉と現実世界が〝地続き〟と感じられるようになる一方で、オカルト番組はなお「大部分は信じてない」「お互い暗黙の了解」によって受容されているという見方が〈常識〉として語られていた。この〈常識〉が作用するなかで、一九九〇年代のオカルト番組は変化・転回することになるが、その経緯は第3節に述べる。次に、〈オカルト〉と現実世界が〝地続き〟と感じられるようになる、その具体的様相を把握するため、〝テレビ幽霊〟騒動について検討したい。

2――〝テレビ幽霊〟騒動のメディア言説

▼「東京新聞」一九八六年七月十日付

一九八六年六月、同年四月八日に自殺したアイドル歌手の幽霊がテレビに出たというウワサが小・中学生を中心に全国的に広がった。女性週刊誌やワイドショーがこれを取り上げ、翌七月にかけて「〝テレビ幽霊〟騒動」とも呼ばれる騒ぎとなる。〝テレビ幽霊〟のウワサを週刊誌が取り上げたのは、六月十八日放送の『夜のヒットスタジオデラックス』（フジテレビ、水曜二十一時―二十二時五十分生放送）で中森明菜が歌っている最中に「岡田有希子の幽霊を見た」という電話・投書が放送局・出版社に多数寄せられたことがきっかけだった。「目撃談」（ウワサ）は他日・他番組にも拡大していくが、六月十八日に集中したことが騒動となるエポックだった。

この騒動を報じた一九八六年七月十日付「東京新聞」は、「亡霊が出た、といううわさ話は」「番組は同じだが、亡霊が登場する場面はまちまち」で、フジテレビは「ここ二、三週間、多いときは一日二十件も」の問い合わせに迷惑していると報じ、「〝ユッコの亡霊〟はどう理解すればいいのか[23]」という問いの答えを求めて取材した井上俊（大阪大教授、当時）の見解を結語とする。記事のリードと結びは、次のとおりである。

アイドル歌手、岡田有希子さんが衝撃の飛び降り自殺を遂げてから三カ月。当初は、その死を悼んで、東京・四谷の現場を訪れるファンが絶えず、各地で後追い自殺まで発生したほどだが、最近は「彼女の亡霊がテレビに出た」という話が子供たちの間に広まり始めた。うわさがうわさを呼ぶ〝ユッコ現象〟は果てしがない。

（略）

「オイルショック当時のトイレットペーパー買い占め騒ぎにしろ、不安がうわさを媒介したのですが、岡田さんの場合は、なんでも楽しんじゃおうという、いまの若者の〝おもしろがり心理〟が媒介になっているのでしょう。その背景には彼女の根強い人気があり、亡霊が出るとうわさし合うことでアイドルの消滅を否定し、子供同士の連帯感を強めたいのです」。そして、井上教授は「心配することはない。後追い自殺などより、よほど健全な傾向です」と笑った。[24]

「東京新聞」は、この騒動を〝ユッコ現象〟（彼女の自殺以降に生じた現象）の一つと捉える。「亡霊が出る」のウワサは、井上が述べたように「アイドルの消滅を否定し、子供同士の連帯感を強めたい」という心性によるものという見方は、当時よく語られた。後述するように、つのだじろうや中岡俊哉も同様の見方を示した。また、ウワサの拡大には〝おもしろがり心理〟が媒介になっているという指摘も、現象を的確に捉えたものだろう。フジテレビ番組ディレクターも、「東京新聞」の取材に応じて「『今日は出ますか』なんていう子供の声を聞くと、楽しんでいる雰囲気もある[25]」と答えている。

ウワサの発生と拡大の原因は井上が指摘したとおりとして、しかし、六月十八日に「目撃談」が集中したという事実は、マスメディアがウワサに注目する以前に、子どもたちの間に一定程度ウワサが広がっていたことの証左である。彼女の死からわずか二カ月あまりでウワサが全国的に流布したという事実は、注目に値するだろう。子どもたちの間に、テレビに霊が映る／見えるという現象を抵抗なく受け入れる感覚（common sense）が共有されていたと推察される。

▼「週刊平凡」一九八六年七月二十五日号

「東京新聞」は「ニュースの追跡 話題の発掘」という囲み記事で〝ユッコ現象〟といわれた社会現象の一端として〝テレビ幽霊〟騒動を報じたが、「週刊平凡」は「オカルト好き№1記者が本腰を入れて真相究明に乗り出した！」と打ち出し、「〝口裂け女〟が日本列島を縦断するのに何か月もかかったのに、ユッコの霊は十八日の夜、日本各地で目撃されているのである。とても単なるデマとは思えない[26]」などとあおり、まさに〝おもしろがり心理〟に輪をかけて〝テレビ幽霊〟（心霊現象）を取り上げる。「真相究明に乗り出した」記者が、「この種の噂に素人判断は危険である。専門家二人にご意見をうかがってみよう[27]」と取材するのは、つのだじろうと中岡俊哉である。

日本での「心霊写真」の通史を著した小池壮彦によれば、幽霊の顔が明らかに「切り貼り」によるものや、見るからに「二重露出」であるというような写真ではなく、光のいたずらによって見ようによっては幽霊の顔が写っているように見える、というタイプの写真が主流になるのは、一九六〇年代末以降である。このタイプの「心霊写真」は、要するに創作の労力がいらない、誰でも撮れる普通の写真だから、カメラとレジャーの普及に後押しされ、大量生産・大衆化が急速に進んだ。問題は、写っているものが「幽霊」であるか否かを素人目には決められないことだった。ここに霊能者や心霊研究家がそれを判断するという「心霊写真」の投稿と鑑定というシステムが成立した。(28)

一九七四年当時の小・中学生の間に、仲間内で撮影した写真を持ち寄って「心霊写真」を探すという遊びを流行させたのが、つのだじろうの『うしろの百太郎』第一―六集（「ＫＣスペシャル」、講談社、一九八三年）と中岡俊哉の『恐怖の心霊写真集――日本、初の怪奇異色写真集』（二見書房、一九七四年）である。(29)

テレビに霊が映るという現象が抵抗なくウワサされた背景には、オカルトブーム以降、「心霊写真」が大量生産・大量消費されてきたマスコミュニケーション状況がある。「週刊平凡」もまた、ウワサの背景に「心霊写真」を想定・連想するからこそ、つのだと中岡に「専門家」としての意見（鑑定）を求める。この専門家二人は、霊がテレビに映るという現象はありうるとしながらも、今回「目撃」されたのは霊ではなく、「自然相」「幻覚」ではないかと答える。

（つのだ）「ありえます。あって不思議な話ではない。自殺の場合は地縛霊になりますが、何かを訴えたいという気持ちがありますので、よく出てくるんです。ただ、今度の場合はチラッと見えたような気がするとか、木の影がそう見えたりするといった自然相だとぼくは思いますね。若い世代層にオカルトブームが再燃しているのも一因でしょう」

（中岡）「ＶＴＲを見ていないのでなんともいえませんが、現象としてはありうると思います。

（略）ただ、今回の場合は、怪しいかなという気もします。なぜなら、岡田有希子は顔面から、うつぶせの状態で飛び降りていますのでエクソプラズマ（浮遊霊体）が離体できない状態になっていたと思えるからです。しかも霊というものは、おおむね一周忌を過ぎなきゃ出てこないものなんです。こんな噂が広まったのは、若くして死んでしまったアイドル歌手に対する同情的な風潮が子供たちの中にはあり、そんな心理が幻覚につながったためだとぼくは思いますね[30]」

二人のコメントに記者は「専門家おふたりの意見はわかった。だが、もうちょっと平易に、はっきりと不安を打ち消してくれるコメントが欲しい」と名古屋へ向かい、庄司歌江と霊能力の持ち主として関西で活躍する尼僧に「問題の写真」を見せて意見を求める。この二人は、霊は写っているが「ユッコちゃんじゃないですよ」と答える。記者は、「ということは、ユッコは浮かばれないいま苦しんでいるわけではない」と、求めていた「真相」（結論）を得たとする。記事は、次のように結ばれる。

最後に、これら噂に心痛めている『サンミュージック』の福田時雄専務のコメントを紹介することにしよう。「ファンからの問い合わせが事務所に殺到して閉口しています。私もビデオを見ましたが、絶対にありえないことです。亡くなった有希子にとっても迷惑な話だと思いますよ[31]」

「週刊平凡」の記事と記者の意図は何だったのか、解釈は容易ではないが、伝えていることは、騒動の〝テレビ幽霊〟は「ユッコの亡霊」ではない、ということである。ただし、テレビに霊が映るという現象はありうることとされ、否定されていない。

▼「女性自身」一九八六年八月五日号

「目撃談」は六月十八日に集中したが、その内容は「血まみれの顔が二重写しになった」「明菜に笑いかけた」「ひな壇に座っていた」「白いドレスで拍手しながらリズムを取っていた」など、その姿かたちも場面もまちまちだった。いわゆる「心霊写真」ならば、誰にでも見える何か、人の顔や姿のように見える影や体の一部のようなものが写っているが、そうした何ら形あるものを画面に見いだすことはできない(32)。つまり、ウワサの発端に具体的な映像があったわけではない。

「女性自身」は、編集部に届いた「私は見た」という投書から連絡が取れた女子高生二人と、「(自分には見えないが)友人が見た」という一人を加えて「真相究明の緊急座談会」を企画、八月五日号に掲載した。騒動の「真相究明」というならば、証言がまちまちな映像(心霊写真)の鑑定ではなく、「目撃談」(ウワサ)の発信者を取材するのは当然である。ただし、誌面の見出しは「大反響第3弾！　目撃した女子高生三人　緊急座談会」「(百か日法要の中で…)岡田有希子さん――テレビ幽霊「これが問題のビデオテープだ！」」「問題の「夜のヒットスタジオ」のシーンを検証！「やっぱり映っている！」」であり、「真相究明」のモチベーションは低いといえる。三ページにわたる誌面は、女子高生が提供したビデオを編集部で複写したテレビ画面の写真三枚で見開きの半分を占め、記事（本文）は女子高生の座談会が占める。

C「私は友達に聞いて、いくら目をこらしても、何も見えない。ビデオも借りてきたけど、A子さんもB子さんも、霊感が強いほうでしょう?」

A「私は小学校のときにも心霊体験がありました」

B「私は霊感が自分でもあると思っている」

C「ね、なんで〝夜ヒット〟ばかりに出るの?」

A「やっぱり、思い出の番組だからよ。もっと出演したかったんじゃない」

（略）

B「私の学校は共学だけど、私が見たという話をすると、ユッコのファンの男の子に〝冗談もいいかげんにしろ〟って、本気で怒られたこともある」

C「私は、こういうのは、見える人と見えない人がいるんだと思う」

A「そう。うちの母なんか、全然見えなくて、〝目の錯覚〟よと相手にしてくれない」

B「うちの学校では先生が、マジで〝そんな話を学校でするな〟って。だいたい、大人って信じようとしないから」

（略）

B「私は見えるけど、ちっとも怖くない。むしろ、私たちが目で確認できるよう、不滅でいてほしい」

A「私はユッコさんは、まだまだ何回も私たちの前に顔や姿を現わしてくれると思う」

C「私もそう思います。ただ私には見えないから…」

B「彼女は成仏できるまで、霊になって出てくるんじゃないかな。歌手仲間にも会いたいだろうし、私たちファンにも会いたいでしょうし…」[33]

ウワサの発生源に存在した少女たちは、一九七〇年代に形成された「心霊写真」という常識(common sense)を内面化した「霊感少女」たちだった。[34]「霊感少女」とは、民俗学者の近藤雅樹が「霊感の強い人」たちのなかに共通して見られる、未成熟で自己中心的な傾向を捉えて名づけたものである。民俗社会の宇宙観は近代に至って断片化したが、それらを体系立てずに私物化するのが「霊感」である。[35]「霊感少女」の出現は、一九七〇年代とされる。[36]

一九八〇年代半ばの「霊感少女」たち(女子高生ＡＢＣ)の語りでは、もはや「心霊写真」を鑑定する専門家も鑑定のロジック(地縛霊、エクソプラズマ、霊の出現は一周忌を終えてから、など)も必要とされていない。彼女たちは自分が見た霊の姿を自分で解釈し、物語る。「霊感少女」たちは、親に「目の錯覚」と否定され、教師に「そんな話を学校でするな」とたしなめられはしても、霊が見える「私」を語る場があるかぎり、物語る。

座談会は前記Ｂの発言で閉じられるが、座談会の内容について記者のコメントはなく、記事は次のように結ばれる。

サンミュージック相澤社長は、「ユッコのことを偲んでくれるのはありがたい。でも、思いすぎてオーバーな現象が続いています。ユッコだって喜びません。ファンの方々は、冷静になってほしい」

ファンの心が、テレビにくっきりと現れているのだろうか[37]。

「霊感少女」たちの物語は直接否定されることなく、騒動を客観視する視点が示唆されるにとどまる。「週刊平凡」と同様に、「女性自身」も関係者の困惑・心痛を伝えている。二誌は、この騒動に対する人々(社会の成員)のネガティブな反応を現実の死者に対する配慮の欠如と予想し、関係者の困惑・心痛を伝えたものと推察される。

また、二誌に共通する〝テレビ幽霊〟を否定しない取り上げ方は、オカルト番組がその枠組みで真実と虚構の区別を積極的に曖昧にして〈半信半疑〉を構築した、まさにそのやり方と変わるところがない。そもそもオカルト番組はその始まりにおいて、週刊誌から〈オカルト〉を出し物とするフレームを取り入れたのだったが、オカルト番組の制作・放送が重ねられるにつれて、週刊誌にオカルト番組のフレームが取り入れられ、相互作用が生じたと観察される。

〈オカルト〉を「遊ぶ」〈常識〉を前提とするオカルト番組のメディア・フレームが他のメディアにも認められ、〈オカルト〉が〈オカルト〉ゆえに否定されないメディア環境では、必然的に〈オカルト〉の真偽を問う姿勢や真実や現実を追求するという感覚が後退していく。〈オカルト〉が現実世界と〝地続き〟と感じられるようになった背景に、ニューサイエンスの流行と「精神世界」の一般化、〈オカルト〉の更新があったことは既述したとおりだが、いまひとつ、オカルト番組が存在したことの影響を指摘できるだろう。オカルト番組によって醸成された、〈オカルト〉が〈オカルト〉ゆえに否定されないメディア環境では、真実や現実を追求するという感覚が後退し、〈オカルト〉が拡張するのだから、その一つの帰結として、〈オカルト〉が現実世界と〝地続き〟と感じられるようになったと考えられる。

3——一九九〇年代のオカルト番組

▼オカルト番組を転回させた宜保愛子

宜保愛子が霊能者としてテレビ出演するようになったのは、一九七〇年代半ばである。[38]八〇年代にテレビ出演を重ね、講演会もおこなうようになり、八九年には「女性自身」で連載された「宜保愛子のスター心霊対談」が話題となる。九〇年、『たけしの頭の良くなるテレビ』（TBS、八月十七日二十時―二十時五十四分）に出演し、ビートたけしをすっかり神妙にさせたことで社会的な注目を集め、九一年には「宜保愛子ブーム」が出来する。

一九九一年三月一日、『金曜テレビの星！』で放送された「驚異の霊能力者・宜保愛子」（TBS、以下、「驚異の霊能力者」と略記）は、一九・四パーセント（ビデオリサーチ。以下、視聴率はすべてビデオリサーチによる）の視聴率を記録した。電話が放送中に約七百本、トータルで四千本を超える問い合わせがあり、投書も二千通を超えるという大反響だった。[39]

同月十七日、『NHKスペシャル』（NHK総合）で「立花隆リポート・臨死体験・人は死ぬ時何を見るのか」が放送され、これもまた大反響を呼んだ。視聴率は一六・四パーセント。NHKでは、同番組に続けて十八日から三日連続で『現代ジャーナル』（NHK教育）でも臨死体験を取り上げ、第一回「死線から帰還した人々」、第二回「精神と肉体の極限で何を見るのか」、第三回「科学はどこまで迫れるのか」を放送、『NHKスペシャル』『現代ジャーナル』合わせて五百六十五件の電話があり、投書は約二百通（同月二十五日現在）届いたという。[40]

臨死体験という重くて難しい、しかも一歩誤ると、民放がワイドショー番組などでのぞき趣味的に取り上げる神秘ブームやオカルトブームのようにもなりかねないテーマを、NHKがこれほど正面から大まじめに放送したのも画期的なら、その反響もまた画期的といえそうだが、そもそも、一連の番組は、立花氏のオリジナル企画として持ち込まれ、昨年丸一年かけて取材・編集されたものだという。「今回、これほど反響があった背景に、仮に今、神秘主義ブームのようなものがあるとすれば、立花さんはあくまで臨死体験に科学的にアプローチしているわけですが、やはり彼の時代感覚がすごいということだと思います。高齢化社会で死に対する関心が高くなっているということも、大きな反響があった理由かもしれません」（亀村チーフ・ディレクター）（略）立花氏が臨死体験にあくまで科学的にアプローチしているのに対して、その臨死体験を自らも二度体験し、その時に見てきたという霊界のことを、あくまでも体験的に語っているのが、〔著書が驚異的な売れ方をしていると：引用者注〕冒頭でも触れた宜保愛子さんだ。彼女も「死後の世界」ブームの〝仕掛け人〟のひとりといえる。[41]

実際、宜保はブームの〝仕掛け人〟の一人といえる。一九九一年三月、一連の「臨死体験」番組の成功が立花隆の「時代感覚」によってもたらされたとするならば、「驚異の霊能力者」の成功もまた、宜保愛子の「時代感覚」によってもたらされたものなのである。制作プロデューサーの池田文雄[42]によれば、番組制作のきっかけは宜保からの霊能力に科学的にアプローチしたいという申し出だった。

「親しい付き合いになってるし、本当はあまり仕事でひっぱり出したくなかったんですよ。そしたら宜保さんが、自分のこういう能力をちゃんと調べられないかって言うんですよ。で、調べるなら、こういうのはアメリカかソ連だけどソ連は混乱してるから、じゃアメリカ行きますか、といったら、彼女はやるっていうわけ。それで、ドキュメントを手がけてる日本テレワークと組んで、正面からやることにしたんです[43]」

一九九一年、宜保は「テレビに出演すれば二〇パーセント以上の高視聴率、本を出せばすべてベストセラー[44]」というセンセーションを巻き起こす。宜保の名を冠した特番に共通する特徴は、霊能力への「科学的アプローチ」を謳うこと、あるいはドキュメンタリーの手法がとられることである。これは宜保愛子というタレントを得たことで開かれた、オカルト番組の新境地といえる。

一九九〇年代前半のオカルト番組（特番）は、死後の世界や心霊現象・超常現象を「（最新）科学」で「（徹底）検証」「解明」するという企画が主流になるが、このようなコンセプトで構成されるオカルト番組は、それまでのオカルト番組とは根本的に異なることになる。

一九七〇年代から八〇年代の〈オカルト〉は、「現代最後のロマン」であり、科学では解明できない謎／不思議だった。オカルト番組は、心霊現象なり超常現象なりを「もしかしたら、そういうこともあるかもしれない」と視聴者に思わせるところで「ロマン」を感じさせるべく、謎／不思議を演出した。つまり、番組の構成上、心霊現象や超常現象の真偽は問題にならない。「こんなことが本当にあるんでしょうか？　テレビをごらんのみなさんは、どう思われますか？」と司会者が問いかけるオカルト番組では、超常現象はウソでもホントでも、曖昧なままでかまわない。要は「ロマン」「謎」である。そうであるからこそ、オカルト番組はやらせを織り込みずみで許容されてきたと考えられる。

しかし、心霊現象や超常現象の謎／不思議を解明・検証するというコンセプトが立てられる場合、番組の構成上、解明・検証の対象となる現象があからさまにフィクションであっては番組が成り立たない。したがって、一九九〇年代のオカルト番組は、必然的に番組内の心霊現象・超常現象がホンモノであることを強調するようになる。

たとえば、一九九一年四月十二日に放送された『世紀末!!異次元パワー！超常現象を見た!!』

（フジテレビ）を紹介するPR記事の小見出しは、「ヤラセ番組をつくりたくないからこそ、真剣に霊能者をチェック！」であり、番組プロデューサーが次のように語る。(45)

「心霊現象や超常現象など、科学で解明されていないことを扱った番組を二十年以上前から手がけてきました。いままでは、こういったものを〝怪奇なもの〟や〝オバケ〟に近い存在として扱った番組を作ってきましたが、今回はどこまで超常現象を検証できるか、との観点で番組を作りました(46)」

記事は、テレビにはいいかげんな霊能者は出演させられないので、番組プロデューサーがテストをおこなっていると伝える。番組に登場する霊能者はホンモノだとアピールすることが、番組PRとして効果的と考えられているのである。(47)

一九九〇年代のオカルト番組は、番組の構成上、番組の内部に〈半信半疑〉を構築することが不可能になる。このオカルト番組の転回における最大の功労者が、宜保愛子だった。

▼オカルト番組を支えた大槻教授

以下は、一九九三年十二月十六日付「朝日新聞」に掲載された記事の抜粋である。

宜保さんとの付き合いが丸四年という日本テレビの三島由春プロデューサーは「宜保さんが凡

> 人がもち得ない力をもっていることは間違いない」ときっぱり。「昨年から、霊能力があるかないかでなく、あることを前提に番組を作っている。科学ドキュメントとして見てほしい」という。（略）宜保さんの特番を組むことの多い日本テレビとＴＢＳは「事前に教えることは絶対にない」と口をそろえて反論する。日本テレビの三島プロデューサーは「既存の学問の常識に合わないので認められないという学者の体質が問題だ」と大槻教授らを逆批判。日本テレビは今月三十日、「宜保愛子・新たなる挑戦２」を放送する。（略）日本テレビの肝付邑子考査部長は「断定的に視聴者に信じさせるのは放送機関としてまずい。エンターテインメントとして、疑問符を残してほしい」と現場よりも慎重だ。ただ「今の番組が社会に悪影響を及ぼしているとは思わない。現場に『やらせは一切ない』と言われると、それ以上は立ち入れない」とも。(48)

制作者は、「霊視は事前調査によるもの」→「番組はやらせだ」という非難に対して「事前に教えることは絶対にない」→「番組はやらせではない」と反論し、「宜保さんが凡人がもち得ない力をもっていることは間違いない」と主張する。放送局（考査）は、「エンターテインメントとして、疑問符を残してほしい」という。つまり、「お遊び」「お座興程度」の〈信じられ方〉をするところにエンターテインメントとして番組が成立すると考えていると思われる。しかし、「霊能力があるかないかでなく、あることを前提に番組を作っている。科学ドキュメントとして見てほしい」という宜保特番の構成上、番組の内部に〈半信半疑〉を構築することは不可能である。宜保特番は、その内部に「疑問符を残して」いないにもかかわらず、エンターテインメントであり「社会に悪影響を及ぼしているとは思わない」と判断されたのは、外部に批判・バッシング（疑義）があることによって、オカルト番組のエンターテインメント性を支えてきた〈半信半疑〉が構築されたためと考えられる。つまり、大槻教授に代表される宜保愛子批判こそが、徹頭徹尾、宜保の霊能力を肯定・擁護できる状況を与えたと考えられるのである。

別言すれば、宜保特番は、霊能力があることを前提に、その霊能力で何かをするという企画が立てられた、かつてないオカルト番組へと発展したが、批判・バッシングによって、そのエンターテインメント性が保たれたという点で、従来のオカルト番組の延長線上に位置していた。

注

（1）「週刊明星」一九八三年一月一日号、集英社、九七ページ

（2）同誌九七ページ

（3）伊藤雅之「新しいスピリチュアリティ文化の生成と発展」、伊藤雅之／樫尾直樹／弓山達也編『スピリチュアリティの社会学――現代世界の宗教性の探求』（Sekaishiso seminar）所収、世界思想社、二〇〇四年、二五ページ

（4）一柳廣孝「カリフォルニアから吹く風――オカルトから「精神世界」へ」、吉田司雄編著『オカルトの惑星――1980年代、もう一つの世界地図』所収、青弓社、二〇〇九年、二三一ページ

（5）前掲「新しいスピリチュアリティ文化の生成と発展」二五―二六ページ

（6）前掲「カリフォルニアから吹く風」二三〇ページ

（7）前掲「新しいスピリチュアリティ文化の生成と発展」二六ページ

（8）小倉なおみ「自己開発セミナー体験記」（「婦人公論」一九八九年十一月号、婦人公論社）、川西蘭「精神世界とお友だち」（「文学界」一九八九年十二月号、文藝春秋）、遠藤周作／横尾忠則「遠藤周作「心と体」のハッピー対談（第九回）不可思議な「精神世界」を探求する」（「プレジデント」一九九〇年三月号、プレジデント社）、山川紘矢「大旋風！元大蔵官僚が注目女優「精神世界」の〝異次元〟を覗く――シャーリー・マクレーンとの奇妙な体験」（「現代」一九九〇年十一月号、講談社）など、一般誌のレベルで「精神世界」は堂々と出現し始める。一九九一年には「インタビューSUNDAY HEADLINE 今週の顔 山川紘矢・亜希子夫妻――精神世界の仕掛け人はこの人たち」（「サンデー毎日」一九九一年六月十六日号、毎日新聞社）、「グラビア PEOPLE S・マクレーンとL・ワトソンの精神世界と超自然」（文藝春秋編「文藝春秋」一九九一年七月号、文藝春秋）など、グラビアレベルでも取り上げられている。ここに至って、精神世界ブームの告知は終了したといえるだろう（前掲「カリフォルニアから吹く風」二四五―二四六ページ）。

（9）マガジンハウス編「クリーク」一九九一年五月五日号、マガジンハウス、一二ページ

（10）前掲「カリフォルニアから吹く風」二三三―二三四ページ

（11）同論文二五〇―二五一ページ

（12）同論文二三六ページ

（13）「ニューサイエンス」という用語は、和製英語である。「デジタル大辞泉」（小学館）には、次のように記載されている。「ニュー‐サイエンス（new science）一九七〇年代に米国の自然科学分野で起こった反近代主義運動の一。西欧科学の根幹である物質主義・要素還元主義の克服を目指した。米国では本来ニューエージサイエンスと呼ばれたが、日本でニューサイエンスと呼ばれるようになって

から、米国でもこの言葉が使われている」

「朝日ジャーナル」一九八五年九月十三日号の特集「ニューサイエンスって何?」で解説を担った田中三彦は、「ニューサイエンス」が工作舎の出版戦略に端を発することを示唆している。「ニューサイエンス」という言葉を最初に使ったのは、おそらく松岡正剛氏ら、雑誌『遊』を発行していた工作舎の人たちだろう。そして記憶が正しければ、彼らがこの言葉を一種の文化的(むろん商業的でもあったろうが)戦略用語として使用したのは、一九七九年一一月にフリッチョフ・カプラ『タオ自然学』を翻訳、出版したときではなかったかと思う。以後しばらく、彼らは書籍の帯やパンフレットで、この言葉を頻繁に使った。このようにニューサイエンスという言葉はあくまで和製英語であって、その旗頭ともいわれるカプラさえ、これまでこの言葉を使って何かを書いてはいない。(略)東洋思想と現代物理学の相似性の強調、還元主義にたいする包括的理論の提唱、そしてその両極をつなぐすべてのスペクトルの根底にある神秘主義的アプローチ。今日、主に翻訳書の形で紹介されることの多い「ニューサイエンス書」はすべて、多かれ少なかれ、この三つの要素をもっている」(田中三彦「解説神秘主義への支持と反論のなかで市民・女性運動の理論的支柱に」、朝日新聞社編「朝日ジャーナル」一九八五年九月十三日号、朝日新聞社、一〇―一一ページ)

(14)増永俊一「ニューサイエンスの周辺」、理想社編「理想」一九八五年九月号、理想社、一八六ページ

(15)前掲「カリフォルニアから吹く風」二四〇ページ

(16)前掲「ニューサイエンスの周辺」一八八ページ

(17)前掲「解説 神秘主義への支持と反論のなかで市民・女性運動の理論的支柱に」一一ページ

(18)同論文一一ページ

(19) 大塚島武「少女たちに蔓延する〝オカルト世界ブーム〟を考える――あなたの娘が信じる「前世」について」「現代」一九九〇年四月号、講談社、三一六ページ
(20) 有賀訓「世紀末日本オカルト・グラフィティ 不思議たちは、どこから来てどこへ行くのか？九〇年代の神秘ブームの正しい読み方とは？」「プレイボーイ」一九九〇年十一月号、集英社、九四ページ
(21) 同論文九五ページ。なお、（略）とした部分には、次の記述がある。「さらにいえば、八〇年代半ばに究極の神秘技〝空中浮揚〟を達成した（と本人は主張する）ヨガ行者、麻原彰晃氏の行状も見逃せない。空中から帰還した麻原氏は、ただちに新興宗教の教祖となり、国会議員選挙に出馬。目下は熊本県阿蘇山麓の小さな村を舞台に、およそ神秘とはほど遠いアシュラム（道場）建設をめぐる小競り合いを演じている」
(22) テーミス編「週刊テーミス」一九九〇年四月十一日号、テーミス、九二―九三ページ
(23)「東京新聞」一九八六年七月十日付朝刊
(24) 同記事
(25) 同記事
(26) マガジンハウス編「週刊平凡」一九八六年七月二十五日号、マガジンハウス、三三ページ
(27) 同誌三四ページ
(28) 小池壮彦『心霊写真』（宝島社新書）、宝島社、二〇〇〇年、一五一―一五二ページ
(29) 同書一六七―一六八ページ。なお、小池は「「テレビ幽霊」は、「心霊写真」のブームが必然的にたどりついた「幽霊」の出現形式であり、「心霊ビデオ」の話を生む下地になった」（同書一八七ページ）と述べている。

(30) マガジンハウス編「週刊平凡」一九八六年七月二十五日号、マガジンハウス、三四ページ
(31) 同誌三四ページ
(32) 後述の「女性自身」一九八六年八月五日号（光文社）四八―四九ページに、女子高生が「霊が映っている」という場面の写真（ビデオを編集部で複写）が三枚、彼女たちが「こう見える」と描いたイラストとともに掲載されているが、写真に不自然な何かがあるわけではない。
(33) 前掲「女性自身」一九八六年八月五日号、四九―五〇ページ
(34) 飯倉義之「〈霊〉は清かに見えねども――「中岡俊哉の心霊写真」という〈常識〉」、前掲『オカルトの帝国』所収、一七五―一七六ページ
(35) 近藤雅樹『霊感少女論』河出書房新社、一九九七年、八、二三二―二三三ページ
(36) 米沢嘉博は、少女マンガ家の間で「霊体験を恐そうに、かつうれしげにしゃべりあうようになったのは」「七〇年代初めあたりのような気がする」という。なお、山岸凉子が友人マンガ家の心霊譚を紹介した「ゆうれい談」を発表したのは、「りぼん」一九七三年六月号（別冊付録、集英社）であり、これがマンガ家の内輪的な楽しみ（霊体験）が表面化した最初の作品とされている（米沢嘉博『戦後怪奇マンガ史』鉄人社、二〇一六年、一三三ページ）
(37) 前掲「女性自身」一九八六年八月五日号、五〇ページ
(38) 当時、子どもたちにテレビ出演を反対され、関東地方では放送されない大阪・読売テレビに出演していたという（野口雄一郎「霊感師・宜保愛子かく語りき」、文藝春秋編「文藝春秋」一九九一年五月号、文藝春秋、三四九ページ）。
(39) 講談社編「週刊現代」一九九一年六月二十二日号、講談社、二〇三ページ。なお、ニールセンでは二一・六パーセント。『金曜テレビの星！』（TBS）枠では、過去最高視聴率だったという。

(40) 小学館編「週刊ポスト」一九九一年四月十二日号、小学館、四五ページ
(41) 同誌四五―四六ページ
(42) 日本テレビで『スター誕生』を看板番組に育てた名物プロデューサー。一九八四年に日本テレビを退社、当時はフリーだった。
(43) 前掲「文藝春秋」一九九一年五月号、三五〇ページ
(44) 「POTATO」一九九一年十月号(学研プラス)四三ページ、扶桑社編「SPA!」一九九一年九月十一日号(扶桑社)六ページ、「創」一九九一年十二月号(創出版)三四ページ、など。
(45) 取材に応じた番組プロデューサーは小林信正。二〇一二年に刊行された森達也『オカルト――現れるモノ、隠れるモノ、見たいモノ』(角川書店)に、彼のインタビューがあることを付記しておく。
(46) 「週刊明星」一九九一年四月二十五日号、集英社、一二六ページ
(47) なお、この番組に登場した霊能者は、前田和慧や織田無道である。また、前回(一九九〇年十月五日)の放送で、幸せを呼ぶといわれる白魔術を紹介していて、今回はテレビを通してそのパワーを受け取ったという視聴者を取材、再び視聴者に白魔術パワーを送るという企画も放送された(同誌一二七ページ)。
(48) 「朝日新聞」一九九三年十二月十六日付夕刊

第5章　霊能者をめぐるメディア言説

——一九九〇年代・二〇〇〇年代の比較分析

本書では、スピリチュアルブームを牽引した江原啓之や細木数子などの出演番組もオカルト番組と捉えるが、それらが「スピリチュアル」といわれ、それまでのオカルト番組とは異なる印象を与える番組構成だったことを重視して、以下、「〈スピリチュアル〉番組」と表記する。したがって本章では、〈スピリチュアル〉番組と認識されないオカルト番組を便宜的に「〈オカルト〉番組」と表記することにする。

本章の目的は、〈オカルト〉番組と〈スピリチュアル〉番組の相違を明らかにし、〈スピリチュアル〉番組が現出したことで生じた問題を指摘することにある。この目的において、一九九〇年代に活躍した宜保愛子をめぐるメディア言説と出演番組、二〇〇〇年代に活躍した江原啓之をめぐるメディア言説と出演番組を分析・比較する。

1——宜保愛子をめぐるメディア言説

▼宜保愛子ブームとバッシング

一九九一年八月、宜保は「驚異の霊能力者」第三弾（十月一日放送）以降、テレビ出演を休業する意向を示し、実際、この第三弾を「休業宣言」の舞台とした。「付き添うような形で出演した作家の高橋三千綱は、彼女が、度重なる霊視によって、疲労の極に達していると伝えた[1]」

一九九一年一月一日から十二月三十一日を発行日とする大宅壮一文庫所蔵の雑誌の範囲では、宜保愛子を取り上げた記事は、同年一月から八月に「女性自身」で連載された「宜保愛子のスター心霊相談室」を除いて、三十二件にのぼる。これらはほとんどが宜保の半生や人気の理由、番組や著書の反響など、ブームの過熱を伝える記事である。宜保愛子ブームに批判的なコメントを掲載した記事はわずか二件、和泉宗章と呉智英のコメントを載せた「アサヒ芸能」一九九一年六月十三日号（徳間書店）と野坂昭如のコメントを載せた「噂の真相」一九九一年九月号（噂の真相）だけである。ただし、前者（和泉・呉）のコメントは、宜保に限らず霊能者や前世占いなどがもてはやされる風潮を批判したものであり、宜保を直接的に批判したのは後者（野坂）だけで、そのコメントは次のとおりである。

通常の感覚と理性がそなわっている人物ならば「このオバサン頭がおかしいんじゃないか」と思うはずだが、かの大島渚をはじめ、糸井重里、天野祐吉、戸川昌子、ビートたけしといった文化人がこぞってゴロニャンなのだそうだ。そうした中で一人キチンと批判を試みているのが、大島渚をポカリと殴ったことのある野坂昭如である。

「——彼女は、分裂気質なのだろう、べつに珍しいことでもない。昔、町内に一人や二人いた、臓器移植などが取沙汰されず、死を死として、幼児のそれであろうが、非業のことであろうが、受け入れていた時代には宜保さんなど、単にかわったオバサンだった(2)」

しかし一九九一年の宜保愛子は、「単にかわったオバサン」ではなく「スーパースター」だった。

今、これほどの彼女の異常人気の背景には、おそらく〝バブル経済〟という時代が終わって、人々がやっと「金」や「モノ」以外の何かを見ようとした時、宜保愛子その人の特殊な〝見る力〟に導かれようとしているのではあるまいか?(3)

昨今の超能力、精神世界ブームを背景に、数多くの霊能者や超能力者が現われては消えていった。そんななかで、宜保さんがスーパースターの地位をかくも短期間に確立できた秘密は何か?　テレビでも証明された霊視能力の高さはもちろんだが、

「結果として出てくる言葉がわかりやすい。それともうひとつ『大きな仏壇を買え』といった

類ではなく、お線香を一本とか、お水を供えるとか、非常に簡素なんです。そういう、そこらへんのオバサンのような庶民的なところが受けていると思う。霊的な存在は信じないが、宜保愛子さんという存在はとにかくおもしろい」

と語る大島渚監督をはじめ、宜保さんに接しただれもが異口同音に語る、彼女の庶民性、清廉さこそ大きな魅力のひとつなのだろう。(4)

例えば彼女は、霊は、供養する人間が、他人を恨んだり、嫉妬したり、足を引っ張るようなことをしたり、身勝手な振る舞いをしたりすることを嫌がる、日常的な生活態度が正しくなければ、いくら供養しても喜ばないと言う。また、その供養により、供養する人間は、霊からより良く導かれることになるのだが、彼女は、一部の霊能力者と異なり、それにお金をかけることを望まない。(略)こうした倫理的な振る舞いを、彼女は、霊から教えられたという。そうした、人間を超えたもののメッセージを伝える彼女の言葉を「心のよりどころ」とする人間も、居るに違いない。その言葉を、非科学的でばかばかしいと感じる人間は、当然ながら、その本を買わないだろう。だがそうした人間にも、もしかしたら、と思わせるところが、彼女にはある。(略)そして彼女は、自分の能力がオカルトの領域に在ることに満足せず、それが科学的に解明されることを望む。言い換えれば、それに距離を置くまともさがある。(5)

以上、三件の記事から引用したが、他の記事でも、宜保の人気・魅力として、庶民的で親しみやすい人柄、教祖となること（宗教団体の設立）を望まない姿勢——これには金銭欲のなさというニュアンスが含まれる——に言及されることが多く、高い霊能力をもつ以外は「普通の主婦」であると強調される傾向が見られる。

一九九一年以降についても同様の方法で雑誌記事を収集すると、九二年は四件、[6]九三年は四十二件、九四年は三十二件、そして九五年には五件と推移するが、九三年から九四年の約七十件は批判・バッシングに関する記事（批判・バッシングと批判・バッシングに対するさまざまな反応）である。批判・バッシングは、ちょうど宜保の人気・魅力（人柄のよさ・金銭欲のなさ・高い霊能力）を反転させた内容となる。

収集できた範囲で一九九三年最初の記事は、「週刊朝日」三月十九日号掲載「ニュース・スピリッツ」の「人魂研究の大槻早大教授 退職願を手に宜保愛子に宣戦布告」である。大槻教授は、心の中にイメージや思い出としてある、信仰的な霊ならともかくとして、「霊が実在として見えたり、なんらかの情報を伝えるとなると、霊はエネルギーをもつ物質ということになる。私の教えてきた物理学は、なんだったんでしょう。そんな物質（霊）があるんだったら、私はその場で退職します[7]」と宣言、メディアの注目を集めた。

一九九三年の宜保批判・バッシングは、大槻教授の発言、「女性セブン」の「霊能力疑惑追及」（第一弾：五月二十日号、第二弾：七月一日号、第三弾：七月八日号、第四弾：七月十五日号）、「女性自身」の「宜保愛子の汚れた真実！」（第一回：八月三十一日号、第二回：九月七日号、第三回：九月十四日号）を中心に展開される。ただし、「ではとうとう霊能力が否定されたのかと思えばそうでもないらしい」[8]と皮肉られる内容に終始する。翌九四年も大槻教授を中心とする批判は続くが、「世間を無視した活字界VS.ブラウン管の闘い」[9]と揶揄される。結局のところ、九三年から九四年に起こった宜保批判・バッシングは、オカルト番組に対する批判を呼ぶも、オカルト番組の是非を問う論議に発展するには至らなかった、といえる。

宜保バッシングのなかで最もインパクトがあり、人々に注目された（といわれた）のは「女性自身」の「宜保愛子の汚れた真実！」である。「女性自身」は宜保愛子ブームのプレステップとなった「スター心霊対談」を連載した女性週刊誌だが、九一年に単行本『あなたの愛の守護霊』の出版に際してトラブル[10]があって以来、絶縁状態だった。その「女性自身」のバッシングは、宜保が講演会で編集者を名指しして「あの人だけは許さない。生き霊をつけてやる」と語った録音テープを入手したことに始まるが、一貫して宜保の霊能力を否定することはなかった。

〔「女性自身」が：引用者注〕霊能力を否定したら、過去の記事を否定することになるのが苦しいところだ。逆に長い付き合いの蓄積を生かして人格攻撃に徹したため、かえって迫力が出たのか、ともあれ読者の反響は大きく、アンケートでは「よかった記事」の第一位だったという。（略）女性誌で唯一、宜保問題を取り上げていない「週刊女性」は、発売元の主婦と生活社から、近々宜保さんの著書が出る予定。自伝があり、関係が良好といわれる講談社も、週刊誌二誌は宜保問題を静観している。一方、バッシングに熱心な「女性セブン」の小学館からは宜保さんの著書はない。[11]

宜保批判・バッシングは、次の三つに大別できる。

①霊能力そのものの存在を否定（大槻教授）
②宜保の霊能力への疑義（「女性セブン」ほか）
③生き霊飛ばしや虚言癖など宜保の言動・人格を攻撃（「女性自身」）

三つのうち、読者の反響が最も大きかったのが③だったことは、オカルト番組の是非を問う論議に発展するには至らなかったことと通底しているのだろう。

▼活字界vs.ブラウン管

批判・バッシング＝霊能力の否定、ではなく、また、女性週刊誌でさえ批判・バッシングする／しないがあったように、すべてのメディアが宜保に否定的になったわけではなく、むしろテレビは宜保を擁護するように特番を放送した。こうした状況について、一つには次のような見方が示された。

宜保さんの霊能力について実証できる人はいない。ただ、霊能者でいる限り、持ち上げようが叩こうが、部数と視聴率は跳ね上がる。メディアが引き付けられているのは霊能力それ自体よりも、こっちの数字の魔力のほうであることは確かなようだ。[12]

宜保バッシングの内実は、霊能力の真偽やオカルト番組の是非などが問題なのではない、という見方は他にもある。メディアの寵児となった人物へのある種の反動、あるいは過熱したブームの揺り戻しと捉える見方もあった。たとえば、バッシングした「女性セブン」にしても、「女性自身」のバッシングの反響の大きさを次のように分析していた。

今回の〝告発〟は、そんな〔庶民的だった：引用者注〕宜保さんが有名になり、横浜市内に二軒の豪邸を持つほどになったことへの一種の反動ともいえそうだ。(13)

大槻教授は、非科学的な〈オカルト〉を肯定するオカルト番組の悪影響を懸念していたが、その言動に対しては、次のような否定的な見方も少なくなかった。

なぜインチキじゃいけないのか、って問いもあるよな。よしんばインチキだとしても、どういう実害があるのかよくわからない。テレビを見る側の論理としては、インチキだって楽しめればいい、ってのもあっちゃうし。困ったり怒ったりするのは「メディアは嘘をつかない、ついちゃいけない」と思いたい人だけなんじゃないかと思うよ。(14)

こういうものはエンターテイメントとして距離をとればいいことだと思っているんですよ。だから、大槻義彦教授も、宜保愛子と勝負した時点でアカデミズムの権威もクソもなくなって、負けだと思うよ。たとえインチキだと証明してもね。[15]

宜保愛子の霊視をめぐるメディア言説は、批判、そして批判への批判と重なり、問題の所在が曖昧なまま錯綜した。こうした状況にあって、卓越したテレビ批評家だったナンシー関は、次のように洞察していた。

「宜保愛子はインチキだ」という糾弾に何らかの意義があるとして認められたということは、その前には「宜保愛子はホンモノだ（と思われていた）」ということの証明である。ホンモノかインチキかなどということはどうでもいい。ホンモノだと思われていた、ということだけが今のところ唯一の真実である。[16]

宜保愛子ブーム以前、オカルト番組は「大部分は信じてない」「お互い暗黙の了解」によって受容されているという見方が〈常識〉として語られていた。しかし、ブームを出来させた宜保特番は、霊能力に科学的にアプローチする構成上、番組の内部に〈半信半疑〉を構築することが困難／不可能になっていた。宜保をめぐるメディア言説は、宜保の霊視が「ホンモノだ」と信じられる（と思われる）状況に対して批判が起こり、その批判に対しては、オカルト番組＝エンターテインメント（お遊び）という認識がはたらくことで争点が定まらない状況が生じていたと観察される。

2——江原啓之をめぐるメディア言説

▼〈スピリチュアル〉番組のはじまり

江原啓之は二〇〇一年から情報番組『こたえてちょーだい！』（フジテレビ）に出演するようになり、〇三年にレギュラー番組『えぐら開運堂』（テレビ東京、二〇〇三年十月―〇五年九月）をもつ。〇四年から『江原啓之スペシャル　天国からの手紙』（フジテレビ、二〇〇四年四月―〇七年十二月。以下、『天国からの手紙』と略記）が年二、三回放送され、人気特番となる。〇五年には『国分太一・美輪明宏・江原啓之のオーラの泉』（テレビ朝日、二〇〇五年四月―〇九年三月。以下、『オーラの泉』と略記）が始まり、スピリチュアルブームを牽引した。

『オーラの泉』は国分太一を司会に、美輪明宏と江原啓之がゲストのタレントに対してオーラや前世、守護霊といったアプローチから話題を展開するトーク番組で、深夜帯（二〇〇五年四月から九月は月曜日二十四時四十五分―二十五時十五分、同年十月から〇七年三月は水曜日二十三時十五分―二十四時十分）にもかかわらず高視聴率を獲得して話題になった。

タレントの霊視は宜保特番でもよくおこなわれたが、それは番組構成上、宜保の霊能力を証明するためのデモンストレーションという位置づけ／解釈が可能だった。しかし、『オーラの泉』での江原の霊視は、トーク番組に加えられた要素であって、霊能力を証明するためのデモンストレーションではありえない。江原は、霊視ができる霊能力者（スピリチュアルカウンセラー）としてトーク番組に出演するのである。

『オーラの泉』は、放送番組審議会（二〇〇六年五月二十六日開催）で、「自分を不幸だと思う女性が増えているという愛情不足の社会の中で、江原氏の話し方や会話を聞くとホッとできる」などの好評が語られた一方、「「守護霊」や「前世」という言葉が出てくると、公共性・公共の福祉の点から見て疑問を感じる」[17]など、守護霊や前世を扱うことへの疑義、および子どもへの悪影響、ゲストが言われたことを否定しにくいシチュエーションなどが問題点として指摘された。これに対して局側は、次の見解を示した。

○あくまで「トーク・インタビュー番組」という柱を失わないように制作している。バランス感覚に優れた国分氏が番組を進め、ゲストを応援するという姿勢が、視聴者に支持されている。難しい問題を秘めてはいるが、制作者もバランス感覚を持って作っていきたい。
○信じてしまう視聴者もいることを念頭に置きながら、悪い影響が出ないように配慮して制作している。今後とも常識の範囲を考えながら慎重な番組作りを続けていきたい。[18]

あくまで「トーク・インタビュー番組」であるという『オーラの泉』は、これまでのオカルト番組とは〈オカルト〉の位置づけが異なる。番組構成上、霊能力（霊視）を出し物とするならばこれまでのオカルト番組と変わらないが、『オーラの泉』は「トーク・インタビュー番組」だから、出し物はトークであって霊視そのものではない。ただし、出し物であるトークは、霊視に基づいて「前世」「守護霊」「オーラ」を語るのだが。

局側の「バランス感覚」や「信じてしまう視聴者もいることを念頭に置きながら、悪い影響が出ないように配慮」といったコメントの背後には、オカルト番組と同様、「お遊び」「お座興程度」の〈信じられ方〉をする（と思われる）ならば、社会的に許容されるという考え方があるものと推察される。しかし、『オーラの泉』はこれまでのオカルト番組とは〈オカルト〉の位置づけが異なる。はたして、「バランス感覚」をもって「悪い影響が出ないように」する「配慮」とは、具体的にどのようなことだったのだろうか――いずれにしろ、送り手（放送局・制作者）としては「信じてしまう視聴者もいることを念頭に置きながら、悪い影響が出ないように配慮」していた。

『天国からの手紙』も、これまでのオカルト番組とは〈オカルト〉の位置づけが異なる。企画者であるチーフ・ディレクターは、番組誕生の経緯を次のように語っている。

> 私が知人の紹介で江原さんとお会いしたのは五年前［二〇〇一年］のことです。それで、『こたえてちょーだい！』という番組に出演していただくことになりました。そうした中で、『こたえてちょーだい！』において、『お母さん、ありがとう旅』という企画があり、それを私が担当することになりました。二十五年前に一家の大黒柱を失った母と娘に番組が慰安のための旅行をコーディネイトしてさしあげるんです。その番組で、娘さんがお母さんにここまで育ててくれたお礼に手紙を渡します。そこで私は、番組側からもお母さんに何かプレゼントを贈れ

ないか考えました。色々、悩んだ末に、江原さんに、「そのお母さんは、二十五年前にご主人を亡くされ、女手一つで娘さんを育てあげたんです。番組として二人のための沖縄旅行をセットするんですけど、そのエンディングに亡きお父さんからの手紙というのを渡すことができませんでしょうか。江原さんにお父さんの霊と交信していただいて、その内容を手紙にしてプレゼントしてあげられれば、喜ばれると思うんですけど」と相談したんです。そうしたところ、江原さんは「それは素晴らしい」と即、快く了解してくださったのです。それが、一番最初の〝天国からの手紙〟なんですね。（略）それが○二年七月のことでした。この手紙の反響がすさまじかった。「うちもお父さんからの手紙を母にあげたい」という番組宛ての応募のファックスが殺到しました。その後、『こたえてちょーだい！』で江原さんの二時間スペシャルをやるという形になったときに、学校の怪談話や、いわゆる霊に悩む村だとか、いろんな心霊現象をやろうという話になりました。○三年十二月のことです。そのとき一つの相談で、最後のお話として、〝亡き家族からの手紙〟をやったんです。妹さんが交通事故で亡くなられたお宅に行き、江原さんに交信していただいた妹さんからの思いを手紙にして、スタジオで家族の前で読むということをはじめて試みました。それがまたすごい反響でした。お恥ずかしい話、僕らも当初は、怖いものをやらないとダメなんじゃないかという意識があったんです。江原さんとも何度も話したんですけれども、恐い現象があって、それを江原さんが救うという話じゃないと、企画としてはダメなんじゃないかと。霊の世界に対し、変な偏見があったんですね。いわゆる古典的なやり方です。で、最後に一つだけ感動でやってみようと。そのくらいの感じだったたんです。[19]

最後の手紙のコーナーで、視聴率は一四パーセントから一五パーセントまで跳ね上がったという。二〇〇四年二月に手紙の企画が再び放送され、それが『こたえてちょーだい!』の最高視聴率を獲得したことで、同年四月『江原啓之スペシャル　天国からの手紙』(第一回)が放送される。『天国からの手紙』は、家族を亡くした家庭に何らかの不思議な現象があり、死者からのメッセージがあるなら聞きたいという家族(視聴者)が番組に相談、霊と交信できるという江原がその家族を訪ね、死者のメッセージを伝える。回を重ねるごとに話題になり、回を追うごとに霊現象を強調する作りの再現ドラマの割合が抑えられ、現場でのスピリチュアリズム的実践が中心となる。[20]二〇〇六年末に放送された『天国からの手紙』(第八回)をPRする記事に、「遺された遺族の悲しみや痛みを癒す〝グリーフケア〟を通じ、現代の日本人や家族のあり方を問いかける江原さん[21]」とあるように、霊との交信(死者のメッセージ)はグリーフケアを目的とするものと周知されるようになる。

死者からのメッセージとグリーフケアの結び付きは、しかし、最初から意識されていたわけではない。最初の「手紙」は二十五年前の死別であり、その目的はグリーフケアというよりもサプライズ(プレゼント)だった。二度目の「手紙」からグリーフケアと結び付くことになるが、企画者は当時「恐い現象があって、それを江原さんが救うという話じゃないと、企画としてはダメなんじゃないか」と考えていた。

「いわゆる古典的なやり方」から「感動」の〈スピリチュアル〉番組へとシフトしたのは、F2（女性三十五—四十九歳）を中心とする番組視聴者の反応・ニーズ（視聴率）があったからにほかならない。こうした経緯から、『天国からの手紙』は「バランス感覚」や「信じてしまう視聴者もいることを念頭に置きながら、悪い影響が出ないように配慮」する感覚が後退していたと推察される。

▼江原ブームとバッシング

江原批判は、スピリチュアルブームの隆盛と軌を一にして、二〇〇七年をピークに〇六年から〇八年に活発になるが、『オーラの泉』への違和感・懸念は〇五年から指摘されていた。

> 奥菜が、「前世はイギリス開拓者の娘だから、かちっとした服装を好む」などと話すと、今度は美輪が「私が、四百年前、天草四郎だったときに…」などと言い出す。美輪がことあるごとに、自分は天草四郎の生まれ変わりだ、と言っているのは知っている。しかし、それを自明のこととして、誰もツッ込まない番組というのは、ちょっと危ないのでは。[22]

二〇〇六年二月、「週刊文春」（二〇〇六年二月二十三日号、三月二日号）が江原の元信者といわれる女性への暴行と飼い猫への虐待を告発した。これに対して「週刊新潮」（二〇〇六年三月九日号）が江原を擁護、「週刊現代」（二〇〇六年三月十八日号）が中村うさぎの寄稿「江原啓之バッシング騒動の目クソ鼻クソ」[23]、さらに江原本人の独占インタビュー（二〇〇六年三月二十五日号）を掲載して収束した。この騒動は、江原がメディアの寵児であることを知らしめる出来事と捉えられた。[24]
二〇〇六年六月頃から、江原は総合週刊誌にも登場し、戦争や靖国など社会問題へも言及するようになる。人気・知名度はさらに高まり、〇六年末から〇七年は「スピリチュアル（ブーム）」とは何か、なぜはやるのか、といった見出しを掲げる記事や特集が増えると同時に、批判もいよいよ増える。
「週刊文春」は二〇〇七年二月一日号に「江原啓之『7つの疑問』[25]」を掲載、さらに同月十五日号では黒鉄ヒロシ、香山リカ、玄侑宗久らの批判的コメントを掲載するが、その冒頭では前号の反響が誇示される。

小誌二月一日号「江原啓之『7つの疑問』」には大きな反響があった。代表的な意見を紹介しよう。〈「オーラの泉」何とかやら、「死者の霊」と交信するやら、もういい加減にして欲しいとうんざりする日々を送っておりました。近頃は江原氏本人よりも、それを取り上げ、無責任に垂れ流すテレビ局、マスコミ、江原氏の話を無批判に受け入れる芸能人に不快感を募らせておりました〉（略）〈勤務先の看護師が所謂「エハラー」であり、小生が江原氏を否定するような事を云うと、凄い勢いで口撃をしかけてきて、もはやそういうものを見なければよい、で済まされる状況ではありません[26]〉

批判記事には大きな反響がある。これは一見、宜保批判と同様、「持ち上げようが叩こうが、部数と視聴率は跳ね上がる」という状況のようだが、宜保批判と江原批判では受け手（読者・視聴者）の位置づけに差異が認められる。宜保批判には、「世間を無視した活字界VS.ブラウン管の闘い」といわれたように、受け手は論争の「見物人」とされる言説があった。しかし、江原批判には、受け手が「見物人」になる余裕がない。

玄侑宗久は請われて「文藝春秋」に寄稿したが、そのなかで次のように述べている。

このところ、私のもとに、スピリチュアル・カウンセラー江原啓之氏について話して欲しいという依頼が相次いでいる。本人と対談してスピリチュアルブームについて話し合って欲しいというものもあれば、仏教者の立場から彼を批判してほしいというものまで様々だ。あたかもあなたは江原啓之を認めるのか認めないのか、敵か味方かはっきりしろ、と踏絵を迫られているかのごとくである。（略）現在は江原ブームを支持する側も批判する側も、あまりにも「正しさ」にこだわりすぎているように見える。これは、現在の日本社会の余裕のなさとも関係することなのかもしれない。(27)

マスコミュニケーションでの江原批判の「余裕のなさ」には、三つの要因が考えられる。①江原自身が批判に反論したこと、②支持する側と批判する側の争点に宗教・死生観に関わる問題が含まれること、③テレビと視聴者の関係とその社会的・空間的特性の変化（多チャンネル化）である。江原批判は三つが絡み合っている。次に、①②③を焦点に江原批判のメディア言説を捉えてみたい。

▼批判への批判

宜保は、さまざまな批判・バッシングに一切反論しなかった。宜保特番で自身の霊能力を示し続けながら、バッシングに対しては沈黙を守った。反論したのは宜保特番の放送作家[28]などで、宜保自身ではなかった。このことが「世間を無視した活字界VS.ブラウン管の闘い」という印象を社会に与える一因でもあった。対して江原は、批判・バッシングにインタビュー記事、著書やウェブサイトで丁寧に反論し、その反論がさらなる批判を引き起こす。

二〇〇七年十月、江原は『江原啓之――本音発言』[29]（講談社）を出版し、さまざまな批判に応じる。このなかで先に取り上げた玄侑の論稿にも反論していて、これについてすぐさま「週刊文春」十一月十五日号が次のように伝えた。

芥川賞作家で臨済宗僧侶である玄侑宗久氏には、こう噛み付いた。〈数あるバッシングの中でも、玄侑氏の（「霊の世界は文化であり、真理ではない」という）言葉にもっとも違和感を覚えています〉〈霊の存在を曖昧にするなら、葬式、戒名の命名、お賽銭やお守り、お払い、お焚き上げ……。そのすべてが悪質な霊感商法だということになってしまう〉

玄侑氏が困惑気味に語る。「江原さんは私が『文化』と申し上げたのを『文化財』のように解釈されているようですね。私は（霊が）見えるということを否定はしません。ただ見えるというのは、半分は脳内ソフト（の働き）なわけです。虹が七色に見える国民もあれば、五色にしか見えない国民もある。その脳内ソフトを私は『文化』と呼んでいるんです。見えたり聞こえたりというのをあくまでも複合的な現象ととらえる仏教の見方が前提としてあるわけです。色即是空の色ですよ。江原さんが実在といっているのに対して、私が現象と言っていると言い換えてもいいかもしれません。それをあたかも唯一絶対の真理として語られることに違和感を感じると申し上げているのです。既成宗教の現状への不満は私もありますが、それはまた別な話です[30]」

また、『江原啓之――本音発言』には、評論家の宮崎哲弥による批判もあった。

江原氏は「霊や死後の世界」の実在を認めないような宗教は宗教とはいえないから、宗教法人の認証基準を見直すべきだと主張している。これはあまりに偏狭な宗教観ではないだろうか。（略）仏教は霊魂の存在を認めない。（略）つまり江原氏は、教義に照らして、全仏教は宗教とはいえず、宗門、寺院の宗教法人としての法的地位には問題があると断言したに等しいのだ。これは仏教者として到底、許し難い暴言である。公権力に対し、信教の内容（教義内容）に介入することを示唆したものと受け取らざるを得ないからだ[31]。

以上の争点では、江原の霊能力（霊視）の真偽などではなく、その思想（発言内容）が問われている。江原批判の動機とその言説は、宜保批判とは比べるまでもなくシリアス（serious）である。

宜保批判は大槻教授と女性週刊誌が中心になったが、江原批判はブームに警戒感をもつ心理学者や宗教者、弁護士などによる問題提起を軸とした。

〔『オーラの泉』は：引用者注〕今年四月にゴールデンタイムに進出した。だが五月下旬時点で、バラエティ番組部門の週間視聴率ベスト10に食い込んだのは四月二十一日放送のSP版のみ（ビデオリサーチ調べ）で、決して好調とは言い切れない模様。そんな中、江原が牽引してきたスピリチュアルブームに対し、「Newsweek 日本版」（五月十六日号）が批判の声を取り上げたり、精神科医の香山リカら著名人や、宗教関係の学会、科学者からも問題視する声が上がるなど、どうやらブームに陰りが見え始めているようなのだ。このムードを後押ししている背景に、今年二月、全国霊感商法対策弁護士連絡会（以下、全国弁連）が昨今の行き過ぎた霊感番組に対し、その是正を求める要望書を、民放連や日本放送協会、BPO（放送倫理・番組向上機構）、NHK（ママ）、各民放キー局に提出したことがある。[32]

「四月二十一日放送のSP版」は、『オーラの泉』が土曜二十時台（十九時五十七分―二十時五十四分）に編成されての初回放送である。ゴールデンタイム進出はスピリチュアルブームを象徴する出来事と目されたが、この時期がブーム・批判ともにピークだったと観察される。

記事にあるように、全国弁連（全国霊感商法対策弁護士連絡会）は二月二十一日付で「要望書」を提出した。[33] 批判を後押ししたとする見方があったのは、以後、〈スピリチュアル〉番組を放送するテレビ局を非難する言説が目立つようになるからである。

江原出演番組への批判は、おおむね、霊能力（霊視）が肯定される／否定されないことへの非難と社会的悪影響への懸念である。こうした批判は宜保批判と共通するが、宜保の場合、「エンターテイメントとして距離をとればいいこと」という反応に象徴されるように、「お遊び」「お座興程度」の〈信じられ方〉をする（と思われる）ところに成立するエンターテインメント番組という前提が機能していた。対して、江原の場合、「必要な人が多くいる限り、あってもよい」「批判するなら、見なければいい」という反応が示された。これは、従来のオカルト番組批判には見られなかった反応である。背景には、「テレビ離れ」「テレビの衰退」といわれるテレビの社会的・空間的特性の変化と多チャンネル化による視聴行動の変化が考えられる。香山リカは、次のように指摘していた。

昨今、テレビや出版の世界でブームになっているいわゆるスピリチュアルものは、「真実か否か」という次元ではなくて、「必要とされているか否か」というニーズの次元で議論され、そして「必要な人が多くいる限り、あってもよい」と、ある意味でマーケティング的な論理でその存在が承認されているのである。経済至上主義的な現代において、ニーズも高く、視聴率も稼げるスピリチュアルものを否定するのは、きわめてむずかしい。さらに「批判するなら、見なければいいいだけじゃないですか」と、これを個人の選択の問題と考えたがる人も少なくない。[34]

こうした〈スピリチュアル〉番組批判への批判（反応）は、一定の視聴者に好意的に評価されていることを裏づけると同時に、批判する者に批判の必要性を実感させたのではなかったか。批判への批判（反応）は、〈スピリチュアル〉番組が、「お遊び」「お座興程度」の〈信じられ方〉をする（と思われる）ところに成立したオカルト番組から逸脱していることを示唆するものである。

3――〈オカルト〉と〈スピリチュアル〉

▼宜保特番と江原特番の相違点

宜保特番が〈オカルト〉番組にとどまり、江原特番が〈スピリチュアル〉番組となったその背景には、テレビと視聴者の関係とその社会的・空間的特性の変化（多チャンネル化）が考えられるが、その原因には、番組での霊能者・霊能力（霊視）の位置づけの変化がある。この位置づけの問題を明らかにするため、「驚異の霊能力者」（第五弾、一九九三年十月六日放送）と『天国からの手紙』（第八回、二〇〇六年十二月二十六日放送[35]）のアヴァンとオープニングトークを具体的に比較したい。

「アヴァン」とは「アヴァン・タイトル」の略で、番組タイトルを出す前に、見せ場とする映像を「つかみ」として先出しするＶＴＲである。つまり、アヴァンは送り手（制作者）が受け手（視聴者）の興味・関心を引き付けるべく、番組コンセプトを魅力的に表現しようと努力する場面である。

表2　1993年10月6日放送「驚異の霊能力者（第5弾）」（TBS）［アヴァン］

01	Na.	太古から続けられてきた人間の営み。そこには現代の我々が解き明かせない数多くの謎がある。驚異の霊能力者・宜保愛子。彼女はいま、都会の喧騒を離れ、イギリス巨石文明の跡、ストーンヘンジへとやってきた。
02	（宜保）	私はもう、現代人が失われてしまっている、なんか昔の方たちだけがもっている、すごいエネルギーと、それからパワーを、ひしひしと感じています。
03	Na.	いい知れぬエネルギーとパワーに満ちた霊地。ここから彼女の新しい旅が始まる。
04	（宜保）	私のね、感じではね、すごくきてます。
05	Na.	世界の一流科学者たちを興奮させた調査・実験の数々。
06	（宜保）	×××……
07	Na.	そして人の魂を揺さぶる愛の霊視パワー。その力の神髄には何があるのか。驚異の霊能力者・宜保愛子は新たなパワーで未知の世界に向かおうとしている。

オープニングトークは、番組のコンセプトが語られる場面である。それぞれのアヴァンを表２・表３とした。

表２の［06］「×××……」は、効果音によって音声が聞き取れない（ＶＴＲ構成上、宜保の発話内容に意味があるのではなく、その映像に意味をもたせている）部分である。

「驚異の霊能力者」の第一声［01］は、「太古から続けられてきた人間の営み」には「現代の我々が解き明かせない数多くの謎がある」である。宜保愛子の霊能力も、巨石文明（ストーンヘンジ）も、「現代の我々」が解き明かせない「謎」であることが印象づけられる。そして、「謎」の力をもつ宜保はストーンヘンジに「エネルギー」「パワー」を感じる。それは、現代人が失ったもの／太古の人間がもっていたものであるという［02］。冒頭のナレーション［01］と宜保の発話［02］から、人間のなかにある未知なる力（可能性）というオカルトの論理が読み取れる。

［05］「世界の一流科学者たちを興奮させた調査・実験の数々」、すなわち宜保の霊能力への科学的アプローチは、この番組の核心（看板）だが、すでに過去四回の放送があり、批判・バッシングによって宜保（霊能力）に対する疑義が生じていた。ナレーション［05］の前後に、［03］「新しい旅が始まる」、［07］「新たなパワーで未知の世界に向かおうとしている」と、「新しい／新たな」と重ねられるのは、過去の放送を超える新情報（新ネタ）があるという期待感を視聴者に抱かせようとしたものと推察される。

『天国からの手紙』の第一声［01］は、「あなたならどうしますか？　天国にいるあの人と話ができるとしたら…」と視聴者に問いかけ、「そんな不可能を可能にする男、それが…スピリチュアルカウンセラー江原啓之」であるという。アヴァンで語られる番組コンセプトは、「天国にいるあの人と話ができる」「江原の奇跡が悲しみにくれる人々を救う！」で言い尽くされる。ナレーション［02］は江原の発話［03］場面の、ナレーション［04］は江原の発話［05］場面のト書きの役割を果たしているにすぎない。

［03］［05］の場面を踏まえ、ナレーション［06］が視聴者の期待感を高めるべく選んだフレーズは、「壊れかけた家族の絆に奇跡が起きる！」である。「奇跡」という言葉が二度、印象的に用いられる。先［01］の「江原の奇跡」は、死者と話ができるという江原の霊能力を意味するが、後［06］の「奇跡」は江原の霊能力によって「起きる」のである。このアヴァンは、江原を奇跡の力によって奇跡を起こす人物と表象しているといえるだろう。

表3　2006年12月26日放送『天国からの手紙（第8回）』（フジテレビ）［アヴァン］

01	Na.	あなたならどうしますか？　天国にいるあの人と話ができるとしたら…。 そんな不可能を可能にする男、それが…スピリチュアルカウンセラー江原啓之。 2006年暮れ、江原の奇跡が悲しみにくれる人々を救う！
02	Na.	自ら引き起こした事故で亡くなってしまったわが子。逃れようもない後悔を背負い生きる父と母。あの子は恨んでいるにちがいない、そう問いかける父に、亡き息子から意外な言葉が…。
03	（江原）	自分の死がムダになっちゃうっていうの。 あそこでお母さんのこと呼んでるから、ちょっとあそこ、お母さん座ってみてあげてくれる？　それがお父さんの償いだと。
04	Na.	大阪で起きた忌まわしい事件。身勝手な犯人によって奪われた、かけがえのない2つのいのち。痛かっただろう、苦しかっただろう。遺された家族は愛する娘たちのために何ができるのか…。そして、
05	（江原）	まだ許せてないの。 いるって、しがみついてるの、お母さんに。 お母さんまで負けたら、もっと悔しいって。
06	Na.	あの日、突然逝ってしまったあの人は何か言いたいことがあるのだろうか？　遺された家族へ江原が伝える亡き家族からのメッセージ。その声なき思いが伝わるとき、壊れかけた家族の絆に奇跡が起きる！
07	Na.	愛する人よ、もう一度。 江原啓之スペシャル　天国からの手紙　亡き家族からのメッセージ。

「驚異の霊能力者」のスタジオは、出演者が円卓を囲む。MC（徳光和夫）をセンターに、上手にゲスト三人（関根勤、野々村真、中条かな子）、下手にMC（三雲孝江）とゲスト二人（木元教子、富田隆）が着座、宜保愛子は二人のMCの間に着座する。

『天国からの手紙』のスタジオは、MC（船越英一郎、恵俊彰、高島彩）が一列に並ぶ長テーブルに江原も着座し、ゲスト（かつみさゆり、菊池桃子、佐藤弘道、奈美悦子、パパイヤ鈴木、平山あや、森公美子）は離れてひな壇に並ぶ。

「驚異の霊能力者」のオープニングでは、MCがゲスト一人ひとりを順に紹介し、それぞれ一言ずつ番組への期待を語るが、『天国からの手紙』では、MCがゲストを「奇跡の目撃者となるゲストのみなさん」と紹介するだけで、ここでゲストの発話はない。

両番組とも、MCのあいさつ、ゲスト紹介の後で、宜保／江原がスタジオに登場する。この登場から最初のVTR紹介（フリ）前まで、それぞれ以下のやりとりがある。

「驚異の霊能力者」［オープニング］

徳光：それではみなさん、お待たせいたしました。驚異の霊能力者・宜保愛子さんの登場です。どうぞ。

宜保：どうもみなさん、こんにちは。

徳光：お久しぶりで。

宜保：どうも、本当にお久しぶりです。

徳光：あいかわらず服装の色は華やかですけども、ふつうのオバサンでらっしゃいますね。
宜保：そうです（笑）。バーゲンセールで買ったんですよ。
徳光：バーゲンセールで（笑）。
宜保：色だけ派手で、もう。
徳光：三雲さんね、あの、いろいろまた宜保さんに対しまして風評みたいなものがあるようでありますけれども、今日はですね、宜保さんがやっぱり、しっかりこの番組に取り組んでいただいて、で、また今日のこの番組を見ていただくことによりまして、あ、単なる風評であったんだなということがおわかりいただけるんじゃないかと思うんですけどもね。
三雲：もしかしたら視聴者のみなさんがいまいちばん話を聞きたい方が宜保愛子さんなのかもしれない。
徳光：でしょうね。
三雲：そんな気しますよね。だからたっぷりと番組のなかで答えを出していただきたい。
宜保：わかりました。よろしくお願いいたします。
『天国からの手紙』［オープニング］
高島：そしてこの番組はこの方なくしては語れません。スピリチュアルカウンセラーの江原啓之さんです。
江原：こんばんは。よろしくお願いいたします。（MCみんなが口々に「よろしくお願いします」と

返答）
恵　：江原さん、今回のテーマと言いますかねぇ……。
江原：今回のテーマは、私は想像力だと思います。
恵　：想像力。
江原：はい。やっぱり、いまの時代、いちばん欠けていることでもありますが、自分自身が同じような立場になることもあるということを常にやっぱり、この番組を通してね、みなさんに理解していただきたい。
恵　：これは今年を象徴するような言葉ですかねぇ。
江原：今年はホントにもう、想像力の欠如と思えるようなことばかりが続いたじゃないですか。飲酒運転……。
恵　：ありましたね。
江原：ニュース、報道されて、それが続くというのはね、要するに自分自身に関係ないと思うから続くわけでしょ？　ね。で、イジメの問題もありました。それは要するに、相手の痛みを想像できないからそういうことをするわけでしょ？　これがやっぱり現代人の抱えている闇だと思いますね。
恵　：わかりました。

宜保／江原が満を持して登場するという進行は共通するが、その後はそれぞれのキャラクターを反映し、番組でのポジション（立ち位置）の相違が見て取れる。

宜保は登場早々、ＭＣから「あいかわらず服装の色は華やかですけども、ふつうのオバサンでらっしゃいますね」といわれる。対して宜保は「バーゲンセールで買ったんですよ」「色だけ派手で」と、笑顔で応じる。宜保はその年齢によらず、また従来の霊能者のイメージにはない、ハイファッションを着こなす「ふつうのオバサン」というビジュアル・イメージを獲得していた。[36] つまり、このやりとりは、「あいかわらず」から始まるように、宜保がこれまでどおり、批判・バッシングがあっても変わりないことを確認するやりとりと解釈できる。そして、番組の企画意図は、批判・バッシングが「単なる風評であったんだな」と視聴者に理解してもらうことである、とＭＣから語られる。

宜保の霊能者としての立ち位置は、ＭＣが直接的に「宜保さんがやっぱり、しっかりこの番組に取り組んでいただいて」というように、番組が設定したシチュエーション（situation）で霊能力を発揮することが求められている。ＭＣが宜保に、番組を見た視聴者が「単なる風評であったんだな」と思うほどのパフォーマンスを期待する旨を語るのは、宜保がその霊能力を試されているからであり、番組が宜保の霊能力を否定しないとしても、それをどう判断するかは視聴者に委ねられている。

対して、江原は登場早々、ＭＣが「今回のテーマと言いますかねぇ…」と発話すると、言い終わるのを待たずに「今回のテーマは、私は想像力だと思います」と、番組のテーマについて語る。スタジオは、江原が「奇跡」（霊視）をおこなったＶＴＲをゲストとともに見る構図であり、ＶＴＲの現場の状況を説明できるのは、現場にいた江原だけである。必然的に、スタジオで最も多く発話するのも江原である。

江原もまた、番組が設定したシチュエーションで霊能力を発揮することが求められるのだが、その霊能力が試されているわけではない。江原に期待されるパフォーマンスは霊能力による「奇跡」である。しかも、そのパフォーマンス（「奇跡」）に対する視聴者の判断について、江原によってテーマ（「想像力（の欠如）」）が設定され、「この番組を通してね、みなさんに理解していただきたい」と方向づけられている。こうした番組構成は、江原の霊能者としての立ち位置を絶対的で不可侵なものとしている印象を与える。

心理学者の信田さよ子は「初期のころに比べると、最近は〝死者の代弁をする〟というポジションに立つことで、いわば無敵の状態を作り出している[37]」という懸念を示したが、これは番組での江原の立ち位置を反映しているだろう。

▼〈スピリチュアル〉番組がもたらした問題

〈オカルト〉番組では、〈オカルト〉が「謎」「ロマン」として表象される。〈オカルト〉をエンターテインメントとするには、真偽を曖昧にした〈オカルト〉（「謎」「ロマン」）に対して「お遊び」「お座興程度」の〈信じられ方〉をする（と思われる）ことが条件だった。

〈スピリチュアル〉番組では、霊能力（霊視）・占いが「謎」や「ロマン」ではなく、「奇跡」「感動」として表象される。霊視・占いに対して視聴者の〈信じられ方〉がどうであれ、「奇跡」「感動」の物語では、ツッコミを入れて「笑い」というかたちで承認する視聴者は想定され難い。少なくとも、『天国からの手紙』は、〈オカルト〉番組が保持してきた（肯定派でも否定派でもない）「見物人」となる視聴者（像）を抹殺した。

換言すれば、〈スピリチュアル〉番組の場合、霊視・占いが否定されず肯定的に取り上げられることが許容される条件として、〈信じられ方〉では対応できない。ツッコミを入れる余裕がない番組構成では、〈オカルト〉番組のように〈信じられ方〉がエンターテインメント性を担保する条件にはなりえない。実際、『天国からの手紙』は、視聴者を共感／反感のいずれかに分断していた。

つまり、〈スピリチュアル〉番組がもたらした問題は、テレビというメディアと〈スピリチュアル〉という宗教性による、新たな問題なのである。

注

（1）前掲「創」一九九一年十二月号、三四ページ。なお、視聴率は二一・三パーセントを記録。

（2）「噂の真相」一九九一年九月号、噂の真相、一九ページ

（3）中森明夫「愛子さんはスーパースター」、扶桑社編「SPA!」一九九一年九月十一日号、扶桑社、六ページ

（4）小学館編「GORO」一九九一年八月二十二日号、小学館、七七ページ

（5）石沢治信「世紀末日本人が愛する宜保愛子とその著作」「創」一九九一年十一月号、創出版、三九―四〇ページ

（6）うち二件は、「宜保さんには老いたキツネの霊が憑いている。私は上っ面で当たり前のことしか言

わない霊能者とは違う」と発言したことが報じられ、話題となった織田無道を取材した記事（「女性セブン」一九九二年三月二十六日号、小学館、「FLASH」一九九二年三月三十一日号、光文社）である。発言について織田は「批判も対抗もしていません」「同じ坊主同士ならともかく、分野の違う相手に喧嘩する気持ちは毛頭ありませんね」とトーンダウンし、宜保サイドは黙殺、ほどなく収束した。あとの二件は、女性誌での対談（「JUNON」一九九二年九月号、主婦と生活社）と、十二月二十九日放送の『宜保愛子・新たなる挑戦！ ピラミッドの謎に迫る』（日本テレビ）を紹介する記事（光文社編「FLASH」十二月二十二日号、光文社）である。

（7）「人魂研究の大槻早大教授 退職願を手に宜保愛子に宣戦布告」、朝日新聞社編「週刊朝日」一九九三年三月十九日号、朝日新聞社、一四五ページ

（8）「AERA」一九九三年十月十八日号、朝日新聞社、六五ページ

（9）扶桑社編「SPA!」一九九四年十月五日号、扶桑社、二四ページ

（10）「編集部によると、本人のゲラチェックも済ませ、直前に本文の触りの部分を紹介する記事が出たら、宜保さんが、あわてて書き直しを申し入れてきた。見出しに不倫を匂わせる「道ならぬ恋」という表現が使われ、家族から出版について抗議されたというのだ。しかし初版は間に合わず、九一年六月、そのまま発売された。このこじれで、［「スター心霊相談」の：引用者注］連載は中止され、両者は絶交状態になった」（前掲「AERA」一九九三年十月十八日号、六五ページ）

（11）同誌六五ページ

（12）同誌六五ページ

（13）「女性セブン」一九九三年九月九日号、小学館、一六ページ

（14）文藝春秋編「CREA」一九九三年十二月号、文藝春秋、三二ページ

(15)前掲「SPA!」一九九四年十月五日号、二四ページ
(16)「噂の真相」一九九三年十一月号、噂の真相、六三ページ
(17)放送局は、放送法に基づき、番組の向上改善と適正を図るために放送番組審議会を設置しなければならない。テレビ朝日では、放送開始の一九五九年五月に放送番組審議会が発足し、各界の有識者を委員として毎月の会議で意見が交わされている。二〇〇六年五月二十六日には第四百七十回放送番組審議会が開催された。引用は、テレビ朝日のウェブサイトで公開された報告書に記載されたものである。なお、出席者は委員長・桂敬一、副委員長・石坂啓、委員・黒鉄ヒロシ、関川夏央、見城徹、大島ミチル、中井貴恵、内館牧子、越村佳代子（テレビ朝日放送番組審議会「第四百七十回 五月開催・「国分太一&美輪明宏&江原啓之のオーラの泉」について」〔http://company.tv-asahi.co.jp/contents/banshin/banshin470.html〕［二〇一八年十二月二十二日アクセス］）。
(18)同ウェブサイト
(19)「新潮45別冊 A・NO・YO」二〇〇六年十二月一日号、新潮社、一〇五―一〇七ページ
(20)堀江宗正「メディアのなかのカリスマ――江原啓之とメディア環境」、国際宗教研究所編「現代宗教」二〇〇八年号、秋山書店、五二ページ
(21)「女性セブン」二〇〇七年一月四・十一日合併号、小学館、二四〇ページ
(22)桧山珠美「視聴率のトラウマたち（第百五十一回）」、講談社編「週刊現代」二〇〇五年八月十三日号、講談社、九二ページ
(23)中村うさぎは、バッシング騒動を次のように斬って捨てた。「最近、江原啓之氏がバッシングされている……ということに、私はじつは興味がない。一時期ものすごーく持ち上げられた人物が、ある臨界点を超えると急転直下、人でなしくらいの言われ方をされて蹴落とされる現象は、昔からお馴染

みのものではないか。(略)ねぇ、皆、江原を何だと思ってたの？神様(笑)？　そうなのよ。世間が江原氏の威張りっぷりやヒステリーに憤慨してるのは、『江原は神様級の人格者だと思ってた』という大前提があるからでしょ？つまり、『霊能者は聖職』だと思ってたってことよね？(略)もちろん、江原氏をバッシングする側の言い分は、『べつに自分たちは、江原を神様だなんて思ってない。ただ、彼を信じ、神のように崇めていた人たちはいるワケで、その人たちを手酷く裏切って踏みにじった江原が許せんのだ』というものだろう。が、しかし。その人たちは、自ら選択して『江原の信者』となったのだよ。神様を間違えちゃったかもしれないが、それはまぁ、自分の選択ミスだから仕方あるまい。(略)週刊誌報道が事実なら、今回の事件(というほどのものでもないが)で、唯一、純粋な被害者は『猫』である。猫は、自らの意思で江原氏に飼われたワケじゃないからね。それ以外は、信者たちもマスコミも、ある意味、共犯者たちなのだ。厳しい言い方だけど、私はそう思う。だって、彼らの欲望が、江原を作り、江原をああいう存在に育てたのだから」(中村うさぎ「江原啓之バッシング騒動の目クソ鼻クソ」「週刊現代」二〇〇六年三月十八日号、講談社、三八―三九ページ)

(24)右、中村うさぎの寄稿には、次のリードが付されている。「ついにというか、いよいよというか、この御仁が叩かれ始めた。テレビでも人気のスピリチュアルカウンセラー・江原啓之氏(四十一歳)。〝エハラー〟と呼ばれる熱狂的女性ファンを数十万人抱えるカリスマ霊能者だ。「週刊文春」に掲載された元女性信者の告発によると、江原氏は彼女に日常的に暴行を加え、あげくには猫を三階のベランダから放り投げたという(江原氏本人は否定)。記事を読んで大騒ぎしたのがエハラーたちだ。ネット上には「記事はデタラメ」「江原さんを信じる」と擁護の書き込みが氾濫した。江原氏寄りの記事を掲載する週刊誌も複数あった。だが、この騒動を『目クソ鼻クソ』と斬って捨てるのは、作家の中村うさぎ氏である」(同論文三八ページ)

(25)「スピリチュアルブームの虚構」と題された「疑問」は以下の七つ。①「ホスピス建設のために貯金」のはずが豪邸暮らし、②太っているのは「霊能体質だから」という屁理屈、③すべてが視えるなら、なぜ捜査協力しないのか、④一般人は門前払いで有名人ばかり霊視する理由、⑤前世や守護霊はどうして中世の賢者や貴族ばかりなのか、⑥神道とキリスト教を都合よく利用する「神のごった煮」、⑦心霊を信じない人は「魂のレベルが低い」と断言できるのか。また、リードは以下のとおりである。「テレビ局の人間は本当にその影響力を自覚しているのだろうか。「前世」や「守護霊」ですべてを語る霊能師。実験データを捏造する情報番組。バラエティーなら「演出」で許される。「視聴率」さえ稼げればそれでいい。テレビの中のわるいやつらを徹底的にあぶりだす」。なお、この記事に対して新潮社編「週刊新潮」二〇〇七年二月八日号(新潮社)は「週刊文春「江原啓之7つの疑問」はネット情報の「パクリ」だって」を掲載。

(26)文藝春秋編「週刊文春」二〇〇七年二月十五日号、文藝春秋

(27)玄侑宗久「江原啓之ブームに喝!——霊に個性は本当にあるのか? 僧侶作家が迫る」、文藝春秋編「文藝春秋」二〇〇七年五月号、文藝春秋、一九二、二〇〇ページ

(28)代表的な著作は、和栗隆史『宜保愛子の証明——テレビマンが明かす宜保番組の作り方』(データハウス、一九九四年)。

(29)前掲「江原啓之ブームに喝!」は、「江原氏はなぜウケるのか、現代の日本人はなぜ江原氏を求めるのか、私なりに考えてみたい」としたもので、江原への批判も含むが、批判を目的とはしていない。むしろ、「江原氏を批判する人たちは、『前世』や『守護霊』という言葉を断定的に使う江原氏に胡散臭さを感じたり、反発を感じるのだろう」というように、感情的な批判から距離を置き、論じられている。

（30）文藝春秋編「週刊文春」二〇〇七年十一月十五日号、文藝春秋、一五二―一五三ページ
（31）文藝春秋編「週刊文春」二〇〇八年一月十七日号、文藝春秋、一一四ページ
（32）サイゾー編「サイゾー」二〇〇七年七月号、サイゾー、四六ページ
（33）要望書は、「霊能師と自称する人物が一般には見えない霊界やオーラを見えるかの如く断言し、それをもとに様々な指摘をされるタレントがそれを頭から信じて動揺したり感激してみせるような番組や、占い師がタレントの未来を断定的に預言し、言われたタレント本人や周囲の人がこれを真にうけて本気で応答しているような番組が現在のようにたびたび放送されることは、視聴者、特に社会的経験の乏しい未成年者や若者、主婦層の人々に、占いを絶対視し、霊界や死後の世界を安易に信じ込ませてしまう事態をもたらしているのではないでしょうか」と問題を提起し、霊界や死後の世界への恐怖や先祖の因縁による将来の不安をあおって、高額の金銭の支払いを勧誘したり、印鑑や数珠など高額商品の購入を勧めたりする手口の宗教的カルト団体や経済カルトが増加傾向にあるのは、テレビ番組の影響が否定できないと番組の見直しを求めた。また、こうした番組は「放送基準」に定める「（四十一）宗教を取り上げる際は、客観的事実を無視したり、科学を否定する内容にならないよう留意する」「（五十四）占い、運勢判断およびこれに類するものは、断定したり、無理に信じさせたりするような取り扱いはしない」などに反しているものがある、とも指摘した（全国霊感商法対策弁護士連絡会「日本民間放送連盟、日本放送協会へ」二〇〇七年二月二十一日［https://www.stopreikan.com/kogi_moshiire/shiryo_20070221.htm］［二〇一八年十二月二十二日アクセス］）。
（34）香山リカ「「こころの時代」解体新書――スピリチュアルブームにメスは入るのか」「創」二〇〇八年三月号、創出版、八八―八九ページ
（35）サンプルとして「驚異の霊能力者」の第五弾と『天国からの手紙』の第八回を選択した理由は、と

もにそれぞれの冠番組であり、一定期間に放送が重ねられた特番であるという条件が一致することと、共通するコンセプトが認められることによる。「驚異の霊能力者」は一九九一年三月の初回放送後、六月に第二弾、十月に第三弾が放送され、その後九二年から九五年までは年一回の特番となり、計七本が制作・放送された。なかでも九三年十月六日放送の第五弾は、宜保批判・バッシングに対抗することを明確に打ち出し、霊能力をきわめて積極的に肯定した放送回であり、これに関連して、宜保の霊能力が人々の救いになるものであることを伝えようとする一コーナーが含まれている。このコーナーでは、宜保が死者の声を遺族に伝え、スタジオ中が涙する。共通するコンセプトが認められる放送回を比較することによって、その差異をより明確に捉えられると考えた。『天国からの手紙』は、二〇〇四年から〇七年までに十回放送されたが、そのなかから〇六年十二月二十六日放送の第八回をサンプルとした理由は、「驚異の霊能力者」の第五弾に準じるためである。初回放送から三年目、最後の放送から数えて三本目であり、人気特番として期待され、批判・バッシングが出始めたタイミングの放送回である。

(36) たとえば、ナンシー関は当時、次のように語っていた。「素人でああいう六十ってなかなかいないですよ。背が高くてスタイルがいい。服やなんかのセンスが、ま、いい悪いは別として、六十代の感じじゃない。革のパンツとか平気ではいちゃう」（文藝春秋編「ＣＲＥＡ」一九九三年十二月号、文藝春秋、三〇ページ）

(37) テーミス編「テーミス」二〇〇七年二月号、テーミス、七〇―七一ページ

終章　オカルト番組の終焉

　ここまでオカルト番組の変遷をたどってきた私たちは、オカルト番組の〈オカルト〉がオカルト（occult）ではなく、〈迷信〉のイメージを払拭し、「オカルトのもつ政治性」を意図的に等閑視し、「現代最後のロマン」として人々（社会の成員）に受け入れられた（と思われていた）ことを知っている。一九七〇年代の若者たちがオカルトへ寄せた関心はニューエイジ・ムーブメントと連関するとしても、テレビが出し物とした〈オカルト〉はニューエイジ・ムーブメントの影響から派生した「日本化されたオカルト」だった。

　一九九〇年代に至って、オカルト番組の〈オカルト〉はニューエイジ（「精神世界」）と交錯する。とはいえ、〈オカルト〉番組は、「謎」「ロマン」によって人々にエンターテインメントとして受け入れられる余地を残し、その余地のなかでオカルトの宗教性は隠されていた。しかし、「謎」「ロマン」ではなく「感動」を求めた〈スピリチュアル〉番組では、オカルトの宗教性を隠しきれない。〈スピリチュアル〉番組は、エンターテインメントとされながら、宗教放送で指摘されてきた問題を抱え込むことになる。

終章である本章では、宗教放送に関する先行研究を参考に、これまでに得られた知見を捉え返して、本書の問い――オカルト番組はなぜ消えたのか――に答えたい。

1――テレビと〈オカルト〉と「宗教」

▼宗教放送の矛盾

日本での宗教放送の歴史は、ラジオ放送が開始された一九二五年（大正十四年）に始まる。[1]戦中は中断されたものの、[2]戦後間もない四六年（昭和二十一年）一月二十日、NHKは「敗戦によって、国民は信仰のよりどころを失い、虚脱の状態にあったので、この番組の復活は、それにこたえる企画」[3]であるとして『宗教の時間』[4]（NHKラジオ）の放送を開始した。

一九五一年（昭和二十六年）には民間放送局が放送を開始し、宗教放送も増加する。翌年に実施された文部省の「視聴覚布教の実態調査」では、「宗教団体は決して保守的ではないことが分かる」「むしろマスコミュニケーションの理論と効果とを最もよく知り、かつ利用しているのは宗教団体だともいえるのである」[5]と評された。

一九六〇年(昭和三十五年)、民間ラジオ放送局では、四十三社百八十六本の商業放送(宗教団体がスポンサーの番組)と九社十二本の自主制作番組を放送し[6]、NHKの『人生読本』が、トンプソン市場調査研究所による「ラジオ人気番組ベスト20」の六位に入る人気を得ていた[7]。「NHKをはじめ、全国の民間放送局のほとんどが、なんらかの形で宗教放送をおこなっているうえに、宗教番組の中にも聴取率ベスト10の中にはいるもの」がある状況には、「電波界にも宗教ブームがやってきた[8]」という声も聞かれた。

こうした状況から、文部省は放送局を対象にした「宗教放送の実情」調査を実施[9]、一九五〇年代のアメリカで宗教放送の調査に携わった経験がある宗教学者の井門富二夫が調査・分析を担当した。井門はアメリカでの経験と本調査の結果から、次のように述べる。

(一)放送という意味で、ラジオもテレビも、聴取者を宣伝の力の中におき、宣伝により統制される自動的人間を育てる可能性をもっている。いいかえると、ある個人にとってどのように真理である宗教であろうとも、彼が口に出して語ると、それは自分の主張、すなわち宗教的イデオロギーとなってしまう。ゆえに、自宗派の宣伝のみに懸命となる教団や個人の宗教放送は、聴取者へのイデオロギーの押しつけになり終わることが多い。(二)ところが、宗教の本来の役目は、個人に、真理あるいは理想とみえるものと対決させ、その真理を基準として自己反省あるいは社会的反省を行なわせることであって、個人を、あるグループの主張に強制的に服従させることではないのである。いいかえると、個人を個人たらしめるものが宗教であって、宗教は服従を求めるものではなく、説得による個人の深い理解のみが、宗教（個人を超える宇宙観で、しかも個人が自発的に獲得するのでなければ意味がない信仰）の拡大を可能にしているのである。[10]

マスメディアを利用した布教は、宗教的イデオロギーの喧伝に陥りやすいがために、宗教の本来の目的である個の確立とは「矛盾」を生じる。井門は、「信仰は個人と個人の直接のふれあい（パーソナル・コミュニケーション）において、本来ならば伝えられるもの」であり、「宗教放送・出版伝道・クルセード[11]のごとく」マスメディアを利用するものは、「伝道をより効果的に生かすための道具でしかありえない」と結論するとともに、マスメディアを利用した伝道・布教は「対象と直接の接触がないだけに、ややもすると扇動や大衆操作におちいる危険がある[12]」ことを指摘するのである。

今日では、「宣伝により統制される自動的人間を育てる可能性」を有するほどの影響力がマスメディアにあるとは想像されにくいだろうし、受け手がマスメディアの情報のすべてに影響されるわけではないことは、オーディエンス・スタディーズによって明らかにされている。[13]その意味で「扇動や大衆操作におちいる危険」は杞憂としても、マスメディアを利用した布教の「矛盾」を捉えた井門の結論は損なわれるものではない。

また、ユニオン神学校で視聴覚伝道を受け持つバックマンが「宗教放送は、〈いざ売らんかな〉の宣伝根性まる出しであっては、かえって売れないもの」というように、実際「宗教放送の実情」

調査でも評判がいいものは「宗教放送を意識しない放送」ともいうべき番組であり、自派宣伝臭が強い番組は、その団内の信者のほかにはあまり聞かれていないことも指摘していた。[14]

スポンサー〔宗教団体：引用者注〕側としてみれば、自派の信仰内容を宣伝することを第一の目標としたいであろうが、まず社会に、宗教一般に対する高い関心がうまれ、はじめて自派の成長も考えられるのである。各派の競争がいたずらに一般庶民の宗教への不信を招くばかりである事実が、今回の調査でも明白になっている。ゆえに信仰内容、宗教の効果を説く場合には、まず聴取者側の一般的な興味（たとえば、死、不安、道徳、人生、体験など）に重点をおいて、むしろ「社会教育」の形で、宗教放送が行なわれなければならない。[15]

つまり、宗教放送は、宗教の真の役目を傷つけないためにも、多数の受け手（聴取者・視聴者）を獲得するためにも、イデオロギー性の排除が求められ、宗教一般に対する高い関心を生むような番組内容が望ましいということになる。

一九六〇年（昭和三十五年）は「宗教放送ブーム」といわれ、テレビでの宗教放送にも期待が寄せられたが、テレビで「宗教放送ブーム」が起こることはなかった。「宗教放送ブーム」は、民間（ラジオ）放送の初期にあって市場を開拓しようとする放送局側の意図と宗教団体側の積極的な関与が合致したために生じたものだった。[16] 石井研士はブームの退潮について、次のように述べる。

まず、教団側が積極的に放送に関与しようとした意図は、都市における宗教浮動人口のてっとり早い獲得であって、放送局が望ましいとする社会教育や一般的な宗教情操の育成などではなかったはずである。たとえ宗教一般に対する高い関心が生じることによって、結果的に自教団の教勢が伸びるとしても、そのために払う代償はあまりに大きく、獲られる利益は著しく小さい(17)。

宗教団体はテレビに消極的で、放送局も宗教放送に慎重であり、テレビの普及とともに宗教放送は後退した。なお、一九六〇年、テレビで初のレギュラー宗教番組（自主制作）として注目されてスタートした『宗教の時間』（日本テレビ）は、二〇〇一年三月に終了した。

▼テレビにのれない「宗教」

一九六一年（昭和三十六年）一月八日付「毎日新聞」の宗教欄に、岸本英夫は次のように記していた。

テレビ放送に関係している人に会った。その人の話に、ラジオでは、すでに長年にわたって宗教放送がおこなわれている。ところが、いくらくふうしてみても、日本の宗教教団の実態は、宗教の真精神を生かした形では、テレビの画面にのってこない。どうしたらよいか、それを考えているということであった。テレビにのれない日本の宗教というのは、考えさせられる課題である。[18]

「日本の宗教教団の実態は、宗教の真精神を生かした形では、テレビの画面にのってこない」と言った「テレビ放送に関係している人」がどのような番組を作ろうとしていたのか、NHKの宗教放送専門委員を務めた宗教学者である岸本に何を相談したかったのか、右の引用以上の記述がなく、わからない。それでも、テレビが本格的に普及し始めた当時、「宗教教団の実態」が「宗教の真精神を生かした形では、テレビの画面にのってこない」と制作者に実感されていたことがわかる。

岸本が会ったテレビ関係者は「宗教の真精神」をテレビの画面にのせることに悩んだが、別の形では、テレビは宗教団体を画面にのせていた。以下は、一九六五年(昭和四十年)九月三十日付「朝日新聞」テレビ欄の囲み記事「波」の全文である。

あるものを信じ、熱中するのは好もしいことだ。惑いの多い人生を信心にうち込んでいられるのは、うらやましいとさえいえる。ただし、それは真に信仰に値するものであってほしい。

こんなことを感じたのは「教祖サマと信者たち」(東京12チャンネル・二十八日夜九時三十分『ドキュメント日本1965』)をみたからだ。十万人の信者をもつというある新興宗教のルポだが、ひとりの青年は信心を始めたら弱いからだが丈夫になったという。別の娘さんは「台風でこわれた家が多かったのに、うちはカワラが二、三枚とんだくらいですみ、ありがたい」という。信心すればご利益があるからというのでは、あまりにもさびしすぎる。

新興宗教では、教祖あるいは指導者に対する個人崇拝がめだつ。このルポに描かれた宗教も、本尊は教祖自身で、教祖が神そのものだという。現代のひとりの人間がどんな契機で神になりえたかという追求が、おそらく社会の病理をあばいただろうに、ディレクターは表面的な現象に興味をそそられたのか、底の浅い風俗画におわっているのは惜しい。

とはいえ、この風俗画は意味深長だ。ヒゲをはやし、眼鏡をかけ、背広を着て、三人の孫をもつ教祖。うやうやしく最敬礼する信者、おごそかな奏楽入りの儀式、この三位一体は現代日本に根を張っている古い社会観念のミニアチュアではあるまいか。そう考えると『ドキュメント日本１９６５』の題名が、より象徴的な意味で実にぴったりしているのに気がついた。[19]

テレビは、宗教放送として「日本の宗教教団の実態」を「宗教の真精神を生かした形」で画面にのせることは苦手でも、ドキュメンタリーとして「表面的な現象に興味をそそられ」るように教祖と信者たちの姿を「底の浅い風俗画」として描き出すことは得手らしい。

テレビが日本人の宗教性に与える影響について調査・研究を重ねる石井研士は、「戦後六十年間の日本人の宗教意識の変化で顕著な点のひとつに、宗教団体に対する批判的な態度の増大がある」と指摘し、それが「オウム真理教事件で宗教団体に対する批判が急に高まったのではなく、戦後一貫して増大してきたものである[20]」ことから、日本人の宗教団体に対する信頼度・評価が低い原因にテレビの影響を示唆している。

▼「宗教」が規制され〈オカルト〉が許容される論理

一九八〇年代に、阿部美哉は、大衆化状況とテレビの普及のもとで、アメリカではテレヴァンジェリズム（televangelism）と呼ばれる新しい形態が出現したのに対して、日本では宗教運動とテレビメディアが不可分に結び付いた運動形態が出現しなかった事実に注目した。阿部は「いずれも大衆化にたいする宗教の対応とみなすことのできる日本の新宗教運動とアメリカのテレヴァンジェリズムが、なぜ大衆にたいするコミュニケーションの手段として一般に最も有力だと思われているテレビにたいして、きわめて対比的なアプローチをとるにいたったか[21]」と問い、宗教団体によるテレビ利用に関する諸調査と放送状況を分析して、次の知見を示した。

根本的に、わが国の放送関係者も宗教界のリーダーたちも、宗教は基本的に私的な問題であり、放送は公的な領域の活動だと認識して、両者の間に分業体制を敷くべきだという姿勢をとったのであろうと考えられる[22]。

わが国の放送関係者が宗教問題に敏感なのは、戦前の政府による宗教思想の弾圧の思いでと戦後の厳格な政教分離を良しとする知的風土による感覚的なものが大きいと思われる。また放送が公共的公益的な領域の業務であるという観念は、特にＮＨＫ関係者の場合に強いけれども、民間商業放送関係者にも、似たような雰囲気がある。そのため、自己規制がかなり厳しく行われており、それが宗教をテレビ放送から排除する仕組みとして作用していることも否定できないであろう。[23]

阿部は、①日本では宗教放送に対して厳しい自主規制があり、これが宗教をテレビ放送から排除する仕組みとして作用していること、②その背景には、宗教は基本的に私的な問題であり、私的な宗教は公的な放送に適さないという考え方があることを指摘するのである。

かつて井門は「宗教放送は単なるイデオロギーの売りこみであってはならないとする方向が、自然に放送界に受けいれられて、それが放送基準になってあらわれている[24]」と「放送基準」（自主規制）を評価していた。「調査中にインタビューした放送局当事者のすべてが、「特定宗派の宣伝はなるべく断ることにしている」と答えているが、これなど、（略）宗教の特質〔宗教放送の矛盾：引用者注〕も考慮にいれているからであろう[25]」と解釈したからである。

しかし、その後の阿部の知見によれば、「わが国の放送関係者も宗教界のリーダーたちも、宗教は基本的に私的な問題であり、放送は公的な領域の活動だと認識して」いた。この認識は、宗教をもっぱら個人の信仰や宗教団体と捉えることで成り立つ。宗教＝個人の信仰／宗教団体と限定的に捉えればこそ〈宗教＝私〉〈放送＝公〉という見方が成り立ち、〈放送＝公〉に「宗教」はなじまないという認識が生じる。この認識が「宗教」に対する規制を厳しくし、「宗教をテレビから排除する仕組み」となる。

〈放送＝公〉に〈宗教＝私〉はなじまないという認識の前提／根拠が、個人の信仰／宗教団体に限定されていることに無自覚・無批判であれば、次の事態が出来すると予想される。すなわち、宗教団体に関わる宗教的内容は厳しく規制される一方、宗教団体に関わらない宗教的内容は規制を免れる、という事態である。ここで生じうる問題は、規制する／しないの判断がもっぱら宗教団体の関与の有無によってなされるということであり、かつ、その宗教的内容そのものが規制する／しないの判断に資するようには検討されないということである。実際、宗教放送では宗教的内容が厳しく規制されながら、オカルト番組の宗教的内容は規制を免れることになる。

一九六〇年（昭和三十五年）の「宗教放送の実情」調査では、宗教団体がスポンサーの番組に限らず、一般社会の道徳的・精神的向上を目的とした「宗教的、道徳的番組」や「放送目的は全く異なったものでありながら宗教がその中で主題として取扱われる番組」も「宗教「的」番組」として、ラジオ・テレビそれぞれの放送状況について質問された。しかし、「説明不足のために、多くの回答はみられなかった[26]」という。

井門は、テレビ局側が質問の調査意図をより正しく受け取っていたならば「調査表にあげうる宗教「的」番組は、数倍にのぼっていたものと思われる[27]」と、次のように例を挙げる。

たとえば、〔昭和：引用者注〕三十六年二月のある一日（火曜）の〔テレビ：引用者注〕番組を全局にわたって調べてみると、たちどころに宗教教育や道徳教育に関係のある教養・娯楽番組が、五本ばかり目につく。NHKを一まず別としておくとしても、日本テレビの「この人を」、「世にも不思議な物語」、フジテレビの「テレビ結婚式　ここに幸あれ」、NETの「日本人の歴史福沢諭吉」、「あすへ開く窓」などである。[28]

つまり、宗教学者である井門は右の番組を「宗教「的」番組」と見るのだが、放送局ではこれらの番組を「宗教「的」番組」とは認識していなかった。井門は「放送当事者自体の中でも多くの人々が、宗教放送を明らかに宗教的材料と考えられるもののみを使う番組に制約している事実が判明して、驚かされた」[29]というが、「宗教（的）」と認識される番組／されない番組は、のちに対照的な展開を示すことになる。

「放送局関係者たちは、宗教団体がスポンサーとなる番組の放送にかんしては、次第に消極的になっていった」[30]。そして、オカルト番組が存在した。

2——オカルト番組が存在した事由

▼オカルト番組の両価性

日本で宗教運動とテレビが不可分に結び付いた運動形態が出現しなかった要因に「厳しい自主規制」を指摘した阿部は、さらに「わが国の新宗教運動におけるコミュニケーションは、テレビのような一方向のコミュニケーションによって充足することはできないと思われているのではないか」[31]と考察する。

アメリカのテレヴァンジェリストたちにとって、福音は、神のメッセージであり、所与の存在としてそれ自体が伝えられなければならないものであった。そのために、テレビが発明され、与えられたという、発想の逆転が成立しえたのである。わが国の新宗教運動は、人と人との関係を抜きにしては成り立たないものであった。そこには、神よりも前に人間関係が存在したのだということができるのではないだろうか。[32]

実際、日本の新宗教運動の成長は都市と農村の人口比が逆転する社会変動と軌を一にしたもので、新たに都市に流入した人々の精神的アノミーを満たす機能を中心として発展した。組織の巨大化に成功した宗教団体では、地域ごとに組織された集会が形成され、顔と顔とを突き合わせ、人と人とが向かい合うことができる関係が維持された。こうした人間関係のネットワークは、信者間の緊密な関係を強化したばかりでなく、布教、信者拡大のための組織としても有効に機能した。新宗教運動のリーダーたちにとっては、話し合いの場、時、相手など、孤立を超克する機会を提供することこそが最も重要だった。[33]

しかし、一九四五年以降、目ざましい成長を続けてきた新宗教の多くの教団が、七〇年頃から教勢が停滞する傾向を見せ始める。[34] その一方でオカルトが流行する。

テレビ（局）は、新宗教の教団を「戦前の政府による宗教思想の弾圧の思いでと戦後の厳格な政教分離を良しとする知的風土による感覚的なもの」によって規制／排除し、教団側もまた、テレビ利用には消極的だった。他方、教団をなさない呪術＝宗教的大衆文化はテレビに適合的だった。一九七〇年代に流行したオカルトをテレビは積極的に〈オカルト〉番組にする。

　ナショナル・メディアだったテレビを通して、呪術＝宗教的テーマが人々の生活になじみ深いものになっていく。それとともに、伝統的な民俗宗教の呪術＝宗教的要素のある種のものが、再び活性化する傾向が指摘される。島薗進は、次のように述べている。

> たとえば、受験生とその母親に人気のある学問の神様、天神様の人気は、大いに高まった。伝統的な呪術的、ご利益追求的な民俗宗教が、呪術＝宗教的大衆文化の興隆の波に乗り、その一部を構成するものとして再活性化してきている。[35]

〈オカルト〉に対して「日本の宗教文化」を対置することは、〈オカルト〉の影響を捉えるうえでは得策ではない。近藤雅樹は「霊感少女」について、次のように論じている。

> ムラの統合維持に不可欠だった民俗知は、本来は、私的な解釈をさしはさむ余地のないものとして、共有管理されていた。ムラは、ムラビトという構成員個々の同質性を前提として、連携が保たれていたからである。ところが、ムラの崩壊とともに、管理する者がいなくなり、民俗知は、遊離解体されて無秩序に断片化してしまった。そのあげくに、さまざまなメディアを通じて、大衆という混住社会に投げだされ、都市というるつぼのなかで、決して共同体を構成す

ることのない、かりそめの集合体のあいだに、連帯の根を張ることなく浮遊してしまったのだった。（略）「霊感少女」たちの語りに、どこかで聞いたような、なつかしい響きがあるのはそのためである。「子どもたち」は、都市に浮遊している民俗知の断片のなかから、手近なものを拾い集めてきては、話を紡ぎだしていたのだ。[36]

民俗社会の世界像と宇宙観は、神や妖怪、霊魂などの存在を想定して構築されている。それは、共同体（ムラ）を構成する個々の構成員（ムラビト）の倫理を形成するうえで、きわめて重要な役割を果たしていた。民俗知とは、民俗社会で世代間に伝承されている経験的な知識の蓄積であり、ムラビトとしてあるべき姿を自ら判断する際のよりどころとなる見識・教養である。[37]その民俗知の断片を子どもたちが拾いやすいように提供したのは、マスメディアであり、オカルト番組である。

オカルト番組が日本の宗教文化を崩壊させているという見方がなされるのは、近藤が指摘するように、民俗知の断片（怪奇譚など）を興味本位にクローズアップして拡散させながら、本来、その背景にあって倫理観念の形成と不可分だった世界像・宇宙観の総体を復元することがないからだろう。[38]しかし、ムラを崩壊させ、民俗知を断片化したのはオカルト番組ではない。オカルト番組には、〈視聴者共同体〉というかりそめの集合体を基盤として、断片化した民俗知を再構築／再活性化した側面もあったのではないか――とはいえ、以下の批判を免れるわけではない。

異界観念の形成にあたって、マスメディアが現代の「子どもたち」に与える知識は、かつての民俗社会でおこなわれていた「語り聞かせ」のように、制御機能をそなえた情報として与えられてきたものと同質かというと、そうではない。マスメディアが提供する情報は、常に一方通行であり、成長段階に応じて、人格の形成をはかりつつ道理を理解させる配慮がない。（略）テレビや漫画・オカルト雑誌などのなかに氾濫している雑多な情報を「子どもたち」は、いったいどのように整理し、統合していくのだろうか。はたして、その能力がそなわっているのだろうか。(39)

オカルト番組は、日本の宗教文化に影響を与えるほどの内容ではなかったはずである。そうであるからこそ許容され、成立したのである。しかし、オカルト番組が存在したことで民俗知の断片を私物化する「霊感少女」が育まれた。「霊感少女」の宗教性は、日本の宗教文化に影響を与えることになるだろう。

▼テレビと〈スピリチュアル〉

〈スピリチュアル〉番組は、その宗教的イデオロギーが表出されることから、宗教放送と同様の「矛盾」を抱えると予想されるが、オカルト番組の延長線上に位置するエンターテインメントと捉えられる範囲では、そのイデオロギー性は軽減され、宗教の本来の目的である個の確立が意識されないために「矛盾」は顕在化していない。実際、二〇〇〇年代の〈スピリチュアル〉番組に観察されたのは、表出する宗教的イデオロギーに対して——自派宣伝臭が強い番組が、その団内の信者のほかにはあまり聞かれていなかったように――共感する視聴者と反感を抱く人々の二分された状況だった。

しかし、〈スピリチュアル〉番組が今後、精神世界・スピリチュアリティへの関心の受け皿になろうとするならば、必然的に、宗教放送の「矛盾」の問題にぶつかる。また、そのとき〈スピリチュアル〉が許容されるならば、「宗教（団体）」が排除される自主規制は、〈スピリチュアル〉と「宗教（団体）」に偏向を生じることになるだろう。あるいは、やはり〈放送＝公〉に〈宗教＝私〉はなじまないという認識を捨て去れないのなら、〈スピリチュアル〉も排除される方向に進むのかもしれない。

いずれにしても、〈スピリチュアル〉番組が一定の視聴者のニーズに応えてブームになったという事実に向き合う必要がある。〈スピリチュアル〉を一度許容（放送）したテレビは、その責任において、今後どのように〈スピリチュアル〉を扱うべきか、十分に検討しなければならない。石井による次の指摘は、実に示唆に富む。

> 教団提供番組は、放送時間のすべてが、その教団の活動・教義の紹介となる。出演者は、たとえ宗教一般を語るとしても、基本的には自らの教団の正統性を主張することになる。こうした番組を、「信者獲得の布教活動であってけしからん」と考えるのか、あるいは日本人に広く公益性・公共性を提供するものと見なすのか、議論が起ったことはない。[40]

宗教を放送から排除してきた、〈放送＝公〉に「宗教」はなじまないという認識からそもそも見直されなければならない。この認識は、宗教＝個人の信仰／宗教団体と限定的に捉えればこそ成り立つ〈宗教＝私〉〈放送＝公〉という見方から生じているからである。この限定的な宗教観にとらわれない議論が必要である。

▼オカルト番組はなぜ消えたのか

オカルト番組は「お遊び」「お座興程度」の〈信じられ方〉をする（と思われる）ところに成立したのであり、オカルト番組が社会的に容認される理由もまた、この前提にある。オカルト番組は、視聴者が〈半信半疑〉で「楽しむ」エンターテインメントでなければならない。しかし、一九九〇年代に至って、オカルト番組の内部に自立する〈半信半疑〉が揺らいでいた。不安定な〈半信半疑〉を支えたのは、外部のオカルト番組批判だった。つまり、オカルト番組の終焉は、九〇年代から兆していた。

オカルト番組のエンターテインメント性は、〈オカルト〉＝「謎」「ロマン」を〈半信半疑〉で「楽しむ」という〈常識〉によって支えられていたが、一九九〇年代には〈オカルト〉と現実世界が〝地続き〟と感じられるようになった。評論家の荒俣宏は、オウム真理教による一連の事件報道が過熱した一九九五年に、次のように語っていた。

「オカルトはもともと反社会的で超ヒューマニズム的な要素を持っていますから、それを現実の世界に持ち込んで何かやろうとすると、害になることが多い。そういうことをしようとする人たちは徹底的に叩かれるべきなんです。異端は異端でなくては危険ですから」オカルトが知的興味の枠を越え、日常生活の救済やビジネスになり始めたとき、〔異端の：引用者注〕文化としてのオカルトは堕落しはじめる。正統になり始めたオカルトは徹底的に攻撃されることで、健全な異端性を維持できるのだ、と荒俣氏は言う(41)。

オカルト（occult）は、本来の異端性を維持してこそ、知的に魅力的な存在となる。オカルト番組の〈オカルト〉は、「謎」「ロマン」であればこそ、「楽しむ」「遊ぶ」エンターテインメントとなる。「謎」「ロマン」は、明示的であれ暗示的であれ、現実や〈常識〉に対置されるところに成り立つ。裏返せば、現実や〈常識〉と〈オカルト〉の境界が曖昧になる／融合する場では、「謎」「ロマン」は消失する。したがって、〈オカルト〉番組も消えゆくことになる。

オカルト番組は、〈オカルト〉を真に受けず、真偽をとやかく言わず、「見物人」になる視聴者（像）によって成立した。しかし、この「見物人」になる視聴者（像）は、〈スピリチュアル〉番組の出現によって過去のものとなった。実際、『オーラの泉』の放送局は、「信じてしまう視聴者もいることを念頭に置きながら」制作していた。オカルト番組を成立・展開させてきた前提・基盤の喪失によって、オカルト番組は終焉を迎えると考えられる。

3――オカルト番組の終焉、これからの課題

「信じてしまう視聴者もいること」が顕在化した今日では、不可思議で超自然的な現象や作用の真偽を積極的に曖昧にするテレビ番組は、その演出の意図が問われることになるだろう。テレビ（放送局・制作者）が、超自然的現象の真偽について判断を放棄して放送することができたのは、構成員個々の同質性を前提とした〈視聴者共同体〉が想定され、その視聴者（像）に連携（暗黙の了解）・連帯（共犯関係）を予想・期待できる（と思われる）マスコミュニケーション状況があったからである。

〈スピリチュアル〉番組が出現する以前にも「信じてしまう視聴者」は常にいたはずだが、それは〈オカルト〉を真に受けないという〈常識〉によって潜在していた。「信じてしまう視聴者」が顕在化し、オカルト番組は終焉を迎えると考えられるが、だからといって、〈常識〉が失われたわけではないだろう。[42]「信じてしまう視聴者」を顕在化させたのは、メディア状況、マスコミュニケーションの変化であって、〈常識〉の変化ではないだろう。しかし、今後はどうだろうか。

宗教（的）知や文化は、本来、個人と個人、あるいは同質性、連携が保たれた共同体で伝えられるものである。宗教者には信仰の基盤があり、ムラには伝承の基盤がある。パーソナル・コミュニケーションは、伝える対象者の理解に応じて体系的に伝えるべきことを伝えることができる。

一方、マスコミュニケーションでは、送り手（マスメディア）と受け手の関係で同時に存在している者たち同士の相互作用（interaction）が生じない。マスメディアでは、伝えうる宗教（的）知や文化はおのずから限界がある。

サイバースペースの仮想現実（virtual reality）に日常的に接するようなデジタル時代を迎え、対象と直接の接触がないコミュニケーションが拡張する今日、ＳＮＳ（Social Networking Service）のコミュニケーションはマスコミュニケーションを相対化する勢いだが、ＳＮＳがマスメディアに比して宗教（的）知や文化を伝えるとはかぎらない。

オカルト番組が終焉を迎えても、オカルトはさまざまなメディアに拡散している。オカルト本来の異端性、「謎」「ロマン」を「楽しむ」「遊ぶ」ためには、対置する現実や〈常識〉が確かなものでなければならない。メディア・コミュニケーションが変化し、パーソナルなコミュニケーションも変化する今日、現実や〈常識〉を確かなものとする知恵が必要なのではないだろうか。

注

（1）開局間もない東京放送局は、一九二五年（大正十四年）五月二十四日から『宗教講座』を放送。講座放送の先駆となった『宗教講座』は、その後『修養講座』あるいは『宗教講話』と改め、多少の変遷はあったが、中断されることなく、毎日曜午前に放送された。三四年（昭和九年）には『聖典講義』が当時のヒット番組になるなど成功を収めていた。

『聖典講義』は一九三四年（昭和九年）三月一日（東京ローカルで始まり、翌四月から全国中継）から翌年一月三十一日まで、十一カ月間、休日を除く毎早朝に連続放送された。二十七種の連続講座（仏教系が十五、キリスト教系が五、儒教系が三、その他四）が放送されたが、特に友松円諦、高神覚昇、加藤咄堂、高嶋米峰などが聴取者を引き付け、放送局には聴取者からの感謝や、放送時刻を聴取好適時間に変更されたいという希望など、多くの投書が寄せられたという。友松円諦、高神覚昇などは、文字どおり全国にファンをつくり、宗教復興の気運を高めるに至ったとさえいわれている（日本放送協会放送史編修室編『日本放送史』上、日本放送出版協会、一九六五年、二〇一、三五三ページ）。

（2）一九三七年（昭和十二年）から、時局の推移を反映して、いわゆる国民精神作興に役立つものが多くなる。武士道鼓吹と〝日本的死生観〟が中心の課題となり、さらに〝日本精神〟の涵養と愛国心の発揚に努めることに主力が注がれるようになり、紀元二千六百年の四〇年（昭和十五年）を経た四一年四月以降、宗教放送は途絶えた（同書三五三ページ）。

（3）同書七三二ページ

（4）『宗教の時間』では神道・仏教・キリスト教に公平に時間が割り当てられ、CIE（民間情報教育局）の示唆によって、戦前には放送から締め出されていた天理教や大本教、金光教などの新宗教にも放送の機会が与えられた（同書三五三ページ）。

（5）文部省「視聴覚布教の実態調査」、文部省編『宗教便覧』所収、法政大学出版局、一九五四年、四一七ページ。特に日本ルーテル教団とセブンスデー・アドベンチストのラジオ番組について、「この布教効果は極めて高く評価されており、しばしば新聞紙上にも報道された如く、劇的な物語も数多く伝えられており、ラジオ布教による通信伝道希望者は毎週四千人を超える盛況である」と報告している（同資料四一八ページ）。
（6）文部省「宗教放送の実情」、文部省編『宗教年鑑 昭和35年度版』所収、文部省、一九六一年、二一八―二一九ページ
（7）同資料二一六ページ。なお、『人生読本』（NHK）が第六位に入った理由として、「本番組が朝のゴールデンアワー（6：30―7：30）に入っており、朝のニュース前後にラジオをつけ放しにしている俸給者家庭などによく聞かれている」「その内容が人生そのものの意義を中心として、様々な分野から検討を加える形式であるために、抵抗もなく聞かれるという効果」が指摘されている。
（8）前掲「宗教放送の実情」一七九ページ
（9）調査表（一九六〇年十月二十一日付）が各放送局に送られ、各局の宗教放送担当者が回答した。調査表の回収は同年十一月十二月の二カ月間。
（10）井門富二夫『世俗社会の宗教』日本基督教団出版局、一九七二年、四九五ページ
（11）クルセード（crusade）とは、もとは十字軍を意味する言葉だが、アメリカの福音主義者の間では大衆伝道や伝道運動の意味で用いられている。大衆伝道者W・F・グレアムによる全米各都市と大阪（一九五九年）や東京（一九六一年）を含む全世界の主要都市でのクルセード、さらにアメリカの大学生の間での伝道運動であるキャンパス・クルセードが有名（『世界大百科事典8 改訂新版』平凡社、二〇〇七年、二七九ページ）。
（12）前掲『世俗社会の宗教』四九六ページ
（13）二十世紀前半、アメリカを中心に展開したマスコミュニケーション研究は、マスメディアから発せられるメッセージを「刺激」と捉え、それに対する受け手の「反応」をマスメディアの効果として明らかにしようとする行動主義モデルが支配的だったが、これを批判して、一九七〇年代後半以降、メ

ディア受容の具体的な様態を民族誌的に記述・分析するオーディエンス・スタディーズが興隆する。その理論的枠組みを提供したのは、スチュアート・ホールである。ホールの「エンコーディング（コード化）／デコーディング（脱コード化）」モデルでは、メディアのメッセージは一方的に送り手から与えられることによって効果を発揮するものではなく、デコーディング過程での受け手の能動的解釈と相まって社会的効果を発揮すると考えられる。別言すれば、受け手によるメディア・テクストの「消費＝読み」（デコーディング）は、受け手の側の理解の構造や受け手が置かれている社会的位置によって枠づけられながら意味が生産される過程である。つまり、マスメディアのメッセージは単に意味を伝達するのではなく、物事に意味を与え、人々の間に何らかの合意を能動的に形成するものと捉えられるのである。田崎篤郎／児島和人編著『マス・コミュニケーション効果研究の展開 改定新版』（北樹出版、二〇〇三年、一三二―一四四ページ）ほかを参照。

（14）前掲『世俗社会の宗教』四五九、四九七ページ

（15）同書四九七ページ

（16）石井研士「宗教とマスメディア」、『宗教学がわかる。』（「Aera mook」第十一巻、やわらかアカデミズム「学問がわかる。」シリーズ）所収、朝日新聞社アエラ発行室、一九九五年、一四二ページ

（17）石井研士「日本宗教の情報化の現状――高度情報化社会における個人化と宗教」「東洋学術研究」第二十八巻第三号、東洋哲学研究所、一九八九年、八六ページ

（18）「毎日新聞」一九六一年一月八日付朝刊

（19）「朝日新聞」一九六五年九月三十日付朝刊

（20）石井研士『テレビと宗教――オウム以後を問い直す』（中公新書ラクレ）、中央公論新社、二〇〇八年、一七三ページ

(21) 阿部美哉「メディアと宗教運動――コミュニケーション形式と宗教の指向性を考える」、愛知学院大学文学会編「愛知学院大学文学部紀要」第十九号、愛知学院大学文学会、一九八九年、一六六ページ
(22) 同論文一六〇ページ
(23) 同論文一五三ページ
(24) 前掲『世俗社会の宗教』四九五ページ
(25) 同書四九六ページ
(26) 前掲「宗教放送の実情」二二七ページ
(27) 同資料二二七ページ
(28) 同資料二二七ページ
(29) 前掲『世俗社会の宗教』五〇一ページ
(30) 前掲「メディアと宗教運動」一六〇ページ
(31) 同論文一五三ページ
(32) 同論文一五三ページ
(33) 同論文一六五ページ
(34) 島薗進『現代救済宗教論』(「復刊選書」第九巻)、青弓社、二〇〇六年、二二七ページ
(35) 同書二三三―二三四ページ
(36) 前掲『霊感少女論』二三一―二三二ページ
(37) 同書二二四―二二五ページ
(38) 同書二三二ページ

（39）同書二三二―二三三ページ
（40）前掲『テレビと宗教』一四六―一四七ページ
（41）扶桑社編「ＳＰＡ！」一九九五年八月二十三日号、扶桑社、五一ページ
（42）〈オカルト〉を真に受けないという〈常識〉が失われたと認識されるならば、たとえば、いまや年末恒例の特番『ビートたけしの超常現象Ｘファイル』（テレビ朝日）も許容（放送）されないということになるのではないか。

おわりに

本書は、二〇一七年度に國學院大學大学院に提出した博士学位申請論文「オカルト番組をめぐるメディア言説――〈オカルト〉の成立および〈スピリチュアル〉へ至る変遷」を再構成し、加筆と修正を施したものである。この事実に、意外と思う読者が少なからずいることだろう。一般にイメージされる「博士論文」と「オカルト番組」には隔たりがある。実際、オカルト番組を調査・研究対象とする社会科学研究（学術論文）は、きわめて少ない。そもそもアカデミックな世界には、超自然的・非科学的現象に対する懐疑主義が存在し、超常現象は無視されるか、誤謬・逸脱と捉えられてきた。そのうえ、さらに超常現象を出し物にする娯楽番組となれば、超常現象が研究対象に関わる領域の宗教学（新宗教研究など）でも、テレビというメディアが研究対象に関わる領域の社会学（メディア・スタディーズ）でも、等閑視されて不思議はない。研究者にしてみれば、貴重な時間を費やして、まともに研究するほどのものではない、というのも仕方がないことだろう。

私がオカルト番組を主題に論文を書くことになったのは、テレビ番組制作の現場でリサーチャーという仕事をしていることと無関係ではない。スピリチュアルブーム最中の二〇〇六年、私は〈スピリチュアル〉番組に懸念を抱いたが、同業者から「いいこと言ってるし、何が問題なの？」と問い返され、答えることができなかった。答えられるようになりたいという一念から、「宗教とマスメディア」研究に業績がある國學院大學の石井研士先生の指導を仰ぐことができればと社会人入試を受け、大学院で学ぶことになった。

ある程度予想できたことだが、仕事先で「宗教学を専攻している」と言うと、たいがい一瞬の間が生じる。あからさまに警戒する人もいる。そこで、「オカルト番組について研究している」というと、オカルト愛好家なのか〈スピリチュアル〉女子なのか、あるいはそのアンチ（懐疑主義者）なのかと、探るように質問される。研究者とは、好きが高じて専心する人というステレオタイプがあるのだろう。しかし、私は〈オカルト〉も〈スピリチュアル〉も、好きでも嫌いでもない。そう答えると、大方、困った顔をされる。こうした場面を何度となく経験するうちに、私が〈スピリチュアル〉番組に懸念を抱いた原因は、〈スピリチュアル〉の内容そのものよりも、「いいこと言ってるし」（悪意はない／善意である）という理由で許容（放送）される状況のほうにあると思い至った。

それから論文を書き上げるまで、十年もの月日を要したのは私の勉強不足のためで、それでも申請し、書籍として刊行することができたのは、指導教授である石井先生の教えと支えがあったからにほかならない。先生は自由に研究させてくださる一方、質問には必ず答えてくださった。心から感謝を申し上げる。

また、学位申請論文の審査で副査を引き受けてくださった井上順孝先生と黒﨑浩行先生のご指導に、心からお礼を申し上げる。本書の執筆にあたっては、両先生からいただいた指摘・助言・示唆に応えられるよう努めた。しかし、肝心のところには力が及ばなかった。結論には、今後の展望を指摘するとか、処方箋を示すとか、そうした論述が求められるものだが、本書の結語の先に、そうした記述はない。この残された課題については、今後、研究を続けるなかで取り組んでいきたい。
ただ、いま「宗教とメディア」を研究テーマにする者として思うことは、あるものを〈正信〉とし、あるものを〈迷信〉とする言論のあやうさである。オカルトやニセ科学のようなものに対抗するリテラシーとして、「伝統（的）宗教の見直し」や「正しい宗教（知識）」が語られることには、一抹の不安を感じる。進歩するメディア・テクノロジーによって変化するコミュニケーションを見据え、語られること／語られないことの意味を問い、考えていきたい。

オカルト番組は消えゆくが、オカルトは拡散している。リサーチャーとしては、テレビのなかに見え隠れするオカルトが気がかりである。占い師が話題の中心になることは珍しくないし、風水を気にするタレントの言動を見ることも珍しくない。しかし、こうした場面が放送されることによって生じる影響がどういうものか、実は誰も知らないのではないか。「信じるか信じないかはあなた次第です」の決まり文句で都市伝説をネタにする番組は、いまも放送を重ねている。都市伝説を「ちゃかす」ことは、都市伝説にとらわれないことのはずだが、番組によって都市伝説にある種の信憑性を与える可能性も否定できない。もちろん、放送に際してさまざまな配慮がなされていることは承知している。しかし、配慮の基準が十年前のままでは、現状にそぐわないかもしれない。テレビのなかのオカルトが何をもたらしているか、私たちは現状を知る必要がある。

本書の完成までには、たくさんの方にお世話になった。

東洋英和女学院大学の渡辺和子先生は、貴重なビデオを快く貸し出してくださった。先生は一九九〇年代前半のオカルト番組を大量に録画・保管されており、そのなかで宜保愛子出演特番はコンプリートされていた。ドイツ留学を終えて帰国後に目にした日本のテレビに衝撃を受け、録画を始めたそうである。しかも、録画した番組リストも作成されていた。これら貴重な資料なくしては、本書第5章の比較分析はかなわなかった。また、渡辺先生には東洋英和女学院大学死生学研究所のアルバイトに誘っていただき、研究所の仕事を通じて多くのことを教えていただいた。本当にありがとうございました。

また、國學院大學大学院で星川啓慈先生、久保田浩先生の講義を受講できたことは、研究を進めるなかで大変励みになった。立教大学では、服部孝章先生、是永論先生の講義に多くを学んだ。早稲田大学の伊藤守先生にも感謝を申し上げたい。研究会では、堀江宗正先生、小池靖先生はじめ参集の方々にお世話になった。駒澤大学の佐藤憲昭先生からは民間巫女に関する論文・資料を頂戴した。宮元啓一先生には学部の頃から、哲学の楽しさを教えていただいている。ほかにも、多くの方々に支えられた。大宅壮一文庫の方々にも助けていただいた。ここに記して、いま一度、心から深く感謝の意を表したい。

最後に、出版を引き受けてくださった青弓社の矢野未知生さんにお礼を申し上げたい。博士論文を書くことができたら、出版は矢野さんに相談したいと思っていた。念願かなって幸甚の至り。ありがとうございました。

［付記］本書は、國學院大學課程博士論文出版助成金の交付を受けた出版物である。

二〇一八年十二月

高橋直子

［著者略歴］
高橋直子（たかはし・なおこ）
1972年、秋田県生まれ
國學院大學大学院文学研究科博士課程後期修了。博士（宗教学）
國學院大學大学院特別研究員、テレビ番組制作リサーチャー
専攻は宗教学
共著に『神道はどこへいくか』（ぺりかん社）、『バラエティ化する宗教』（青弓社）、論文に「オウム真理教をめぐるメディア言説――1989年10月のワイドショー」（「國學院雜誌」第116巻第11号）など

オカルト番組（ばんぐみ）はなぜ消（き）えたのか
超能力からスピリチュアルまでのメディア分析

発行――2019年1月29日　第1刷
定価――2800円＋税
著者――高橋直子
発行者――矢野恵二
発行所――株式会社青弓社
〒101-0061 東京都千代田区神田三崎町3-3-4
電話 03-3265-8548（代）
http://www.seikyusha.co.jp
印刷所――三松堂
製本所――三松堂

ISBN978-4-7872-3448-3　C0036

太田省一

社会は笑う・増補版

ボケとツッコミの人間関係

テレビ的笑いの変遷をたどり、条件反射的な笑いと瞬間的で冷静な評価という両面性をもつボケとツッコミの応酬状況を考察し、独特のコミュニケーションが成立する社会性をさぐる。定価1600円＋税

飯田 豊

テレビが見世物だったころ

初期テレビジョンの考古学

戦前の日本で、多様なアクターがテレビジョンに魅了され、社会的な承認を得ようと技術革新を目指していた事実を照らし出し、忘却されたテレビジョンの近代を跡づける技術社会史。定価2400円＋税

伊藤龍平

ネットロア

ウェブ時代の「ハナシ」の伝承

都市伝説などの奇妙な「ハナシ」は、ネット時代にどう伝承されるのか。ハナシがインターネット上で増殖していく仕組みと内容の変容を、巨大掲示板やSNSを事例に解き明かす。　定価2000円＋税

一柳廣孝／今井秀和／大道晴香 ほか

怪異を歩く

東雅夫へのインタビューを筆頭に、『鬼太郎』、妖怪採集、イタコ、心霊スポット、タクシー幽霊など、土地と移動にまつわる怪異を掘り起こし、恐怖と快楽の間を歩き尽くす。　定価2000円＋税